U0176313

ARCHITECTURE :DESIGN NOTEBOOK 2nd Edition
ISBN:9780750656696

建筑设计笔记

（第2版）

[英国] A. 彼得·福西特　著
俞泳　译

江苏凤凰科学技术出版社 · 南京

图书在版编目（CIP）数据

建筑设计笔记：第2版 / (英) A. 彼得·福西特著；俞泳译. -- 南京：江苏凤凰科学技术出版社, 2024.6
ISBN 978-7-5713-3764-3

Ⅰ. ①建… Ⅱ. ① A… ②俞… Ⅲ. ①建筑设计 Ⅳ. ① TU2

中国国家版本馆 CIP 数据核字(2023)第 181185 号

建筑设计笔记（第2版）

著　　者	[英国]A.彼得·福西特
译　　者	俞　泳
项目策划	凤凰空间/孙　闻　李　宁
责任编辑	赵　研　刘屹立
特约编辑	孙　闻　李　宁
出版发行	江苏凤凰科学技术出版社
出版社地址	南京市湖南路1号A楼，邮编：210009
出版社网址	http://www.pspress.cn
总 经 销	天津凤凰空间文化传媒有限公司
总经销网址	http://www.ifengspace.cn
印　　刷	河北京平诚乾印刷有限公司
开　　本	710mm×1 000mm 1/16
印　　张	7
字　　数	89 600
版　　次	2024年6月第1版
印　　次	2024年6月第1次印刷
标准书号	978-7-5713-3764-3
定　　价	59.80元

图书如有印装质量问题，可随时向销售部调换（电话：022-87893668）。

献给凯伦

目录

1 绪论

当我们进入21世纪，透过理论文献的面纱来思考建筑已经成为一件时髦的事情。然而事实并不总是如此，需要加以讨论的是，建筑的实践活动很少呈现与理论精准的对应关系，建筑师更多的是通过建成作品、影响深远的建筑和方案，而不是理论文本，来激发他们的想象力。这仅仅是一种对现实的观察，但并不是说新手建筑师们一点都不能运用理论来指导自己的设计，也不能否认少数开创性的理论对20世纪建筑发展的深远影响，因为某些理论与划时代的建筑作品之间的确存在着密切的因果关系。

但即使是最基础的理论观点，也必须以一些准则为基础。这些准则可以引导缺乏经验的建筑师朝着正确的方向去寻找可行的解决方案。因此，本书试图为他们提供一些公认的准则与正统的设计理念，也可以为正在忙于设计实践的建筑师提供如何作出关键性决策的参考。这不是一本理论性书籍，并不打算为已然非常丰富的建筑理论再增添新的内容；相反，它的目的是为学习建筑设计的学生提供一个公认的看待事物的方法框架，为他们实践和探索的整个"设计过程"提供信息和支持。

从20世纪50年代后期开始，关注"设计过程"或"设计方法论"的文献已经大量出现。在早期的探索中，设计被描述成一个简单的线性过程，从分析、综合到评价，似乎和某些通用决策过程并无差别。不仅如此，设计理论家还要求设计者把建筑问题的每一个方面都预先考虑清楚再进行创作，并且把跨越到"形式创造"（form-making）的环节尽可能延后。但是，每一个从事实践的建筑师都知道，这种僵化的线性模式完全不符合大家已有的经验：现实的设计根本不会遵从这种预设的流程，因为建筑师需要在任何时间以任何顺序在不同的问题之间来回跳跃，有时还需要同时考虑几个方面的问题。甚至，即使问题变得逐步明朗，往往还需要在一个循环往复的过程中重新考虑某些问题。而且，大多数建筑师的经验是，一个具有冲击力的视觉形象在初步方案的设计过程中就已经形成了。这意味着，"形式创造"的基本方面如建筑的外观或立体空间组织，将会影响最初的平面和剖面。然而，事实上设计师在方案早期已经对各种建筑问题作出了创造性（也可能是试探性）的回应。

显然，设计行为一方面包含深入的逻辑分析，另一方面也需要深刻的创造性思维，这两者都对"形式创造"这一核心观念有着至关重要的贡献。显而易见，所有好的建筑都依赖于设计师在这些早期阶段的合理和富有想象力的决策，以及如何使这种决策创造性地转变为三维结果的能力。

对初学者来说，这些对"形式创造"的最初尝试，是设计中最大的难题，对经验丰富的建筑师来说，也同样如此。以下的内容是若干路标，引导尚无经验的设计师轻松地踏上可能崎岖不平的设计之路。

2 设计简史

建筑在一定程度上响应着主流的文化风潮，它们在这种文化风潮中被创造出来，从而不可避免地成为反映这些文化特质的产物。在第一次世界大战后的所谓“英雄”时期，进步建筑的发展似乎能够印证上述观点。建筑师们发现自己身处席卷欧洲的新艺术运动的中心，如巴黎的纯粹主义（Purism）、鹿特丹的风格派（De Stijl）、莫斯科的构成派（Constructivism），以及魏玛和德绍的包豪斯（Bauhaus）。这些运动引发了建筑与视觉艺术的紧密联系，以至于建筑师们在发展新建筑形式的探索中很自然地会向画家和雕塑家们寻求灵感。就像勒·柯布西耶（Le Corbusier）的“控制线”形式法则，首先是被应用于他的纯粹主义绘画中，之后作为形式控制的手段运用于建筑立面的设计上（图 2.1、图 2.2）。同样，彼埃·蒙德里安（Piet Mondrian）的抽象构图（图 2.3），被凡·杜斯伯格（Van Doesburg）和凡·恩斯特（Van Eesteren）直接在他们的建筑方案中重新演绎为三维作品（图 2.4）。此外，布莱德·莱伯金（Berthold Lubetkin）设计的伦敦动物园企鹅

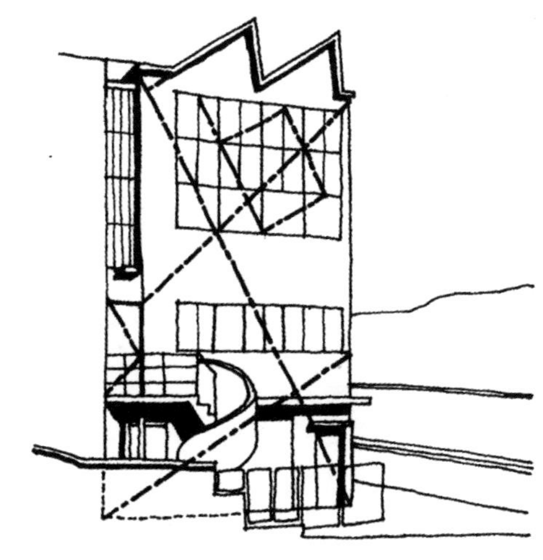

图 2.1　勒·柯布西耶，奥占芳工作室（立面控制线），法国，1922 年

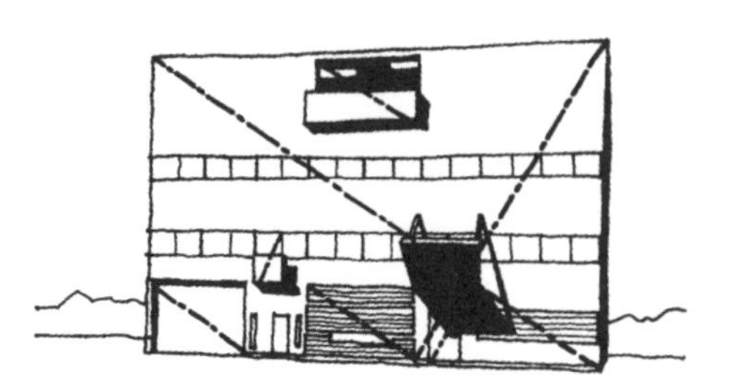

图 2.2 勒·柯布西耶,加歇别墅(立面控制线),法国,1927 年

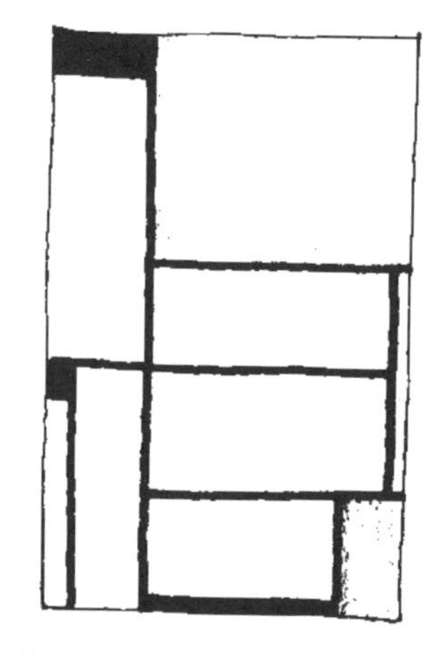

图 2.3 彼埃·蒙德里安,《构图》,1921 年

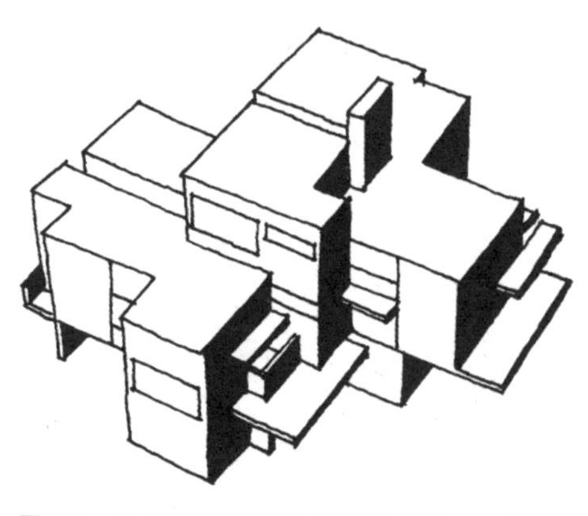

图 2.4 凡·杜斯伯格和凡·恩斯特,住宅设计(未实施),1923 年

池(图 2.5),也受到俄罗斯构成派雕塑家如瑙姆·嘉博(Naum Gabo)所作的形式探索(图 2.6)的启发。

但 20 世纪建筑文化的特质也通过

图 2.5 布莱德·莱伯金,企鹅池,伦敦动物园,英国,1934 年

图 2.6 瑙姆·嘉博,《构成》,1928 年

一系列理论模式表现出来，它们如此鲜明而充满魅力，以至于设计者们总是直接用他们对“形式创造”的探索来诠释这些理论。

1926年，勒·柯布西耶提出著名的“新建筑五点”把传统住宅受木材和砖石结构限制而形成的单调平面与钢筋混凝土结构所具备的形式和空间的丰富潜力进行了比较（图2.7、图2.8）。于是，“底层架空”“自由立面”“自由平面”“横向长窗”以及“屋顶花园”（并称“新建筑五点”）随即就作为建筑“形式创造”的工具被建立起来。在1926年至1931年间，勒·柯布西耶在巴黎附近设计并建成了一系列著名的住宅，它们以物化的形式展示了“新建筑五点”的魅力，并集中提供了一批可依循的形象化范本（图2.9）。

同样，路易斯·康（Louis Isadore Kahn）的“服务与被服务”空间理论，也通过1965年他在费城设计并建成的理查兹医学研究中心（图2.10）直接且形象地表达出来：容纳竖向循环和通风管道的巨大竖向砖塔（服务），与水平向的实验室楼板（被服务）以及从地到顶的透明玻璃形成了戏剧性的对比。

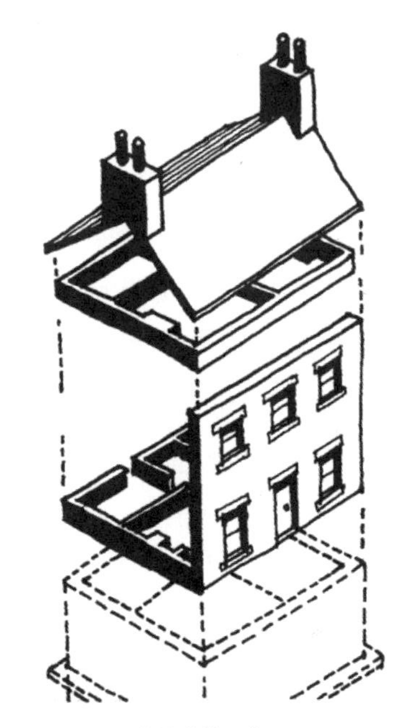
图2.7 传统住宅中的建筑五点

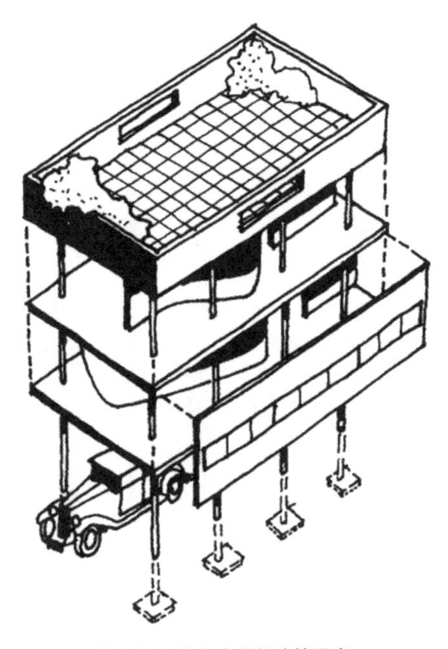
图2.8 钢筋混凝土住宅中的新建筑五点

这些范例也使得现代主义及其新兴建筑语言更容易被接纳，哪怕它们并不一定有这种清晰的理论观点作支撑。因此，“先例”中的理念总是能够为寻求合适的建筑形式提供更进一步的概念模式。这类范例经常颠覆传统的做法。1954 年，艾莉森·史密森和皮特·史密森夫妇为诺福克的亨斯坦顿学校做设计时，不仅采用一个令人耳目一新的“庭院式”方案(图 2.11)取代了学校设计中已被普遍接受的包豪斯式的“手指状平面”，而且推出了全新的“野蛮主义”建筑语言(图 2.12)，以强健的风格一扫英国建筑那种节日装饰般的陈腐之气。

在这纷繁复杂的时代背景下，不断出现并迅速发展的新技术，进一步激发了现代主义者的想象力。建筑师很快

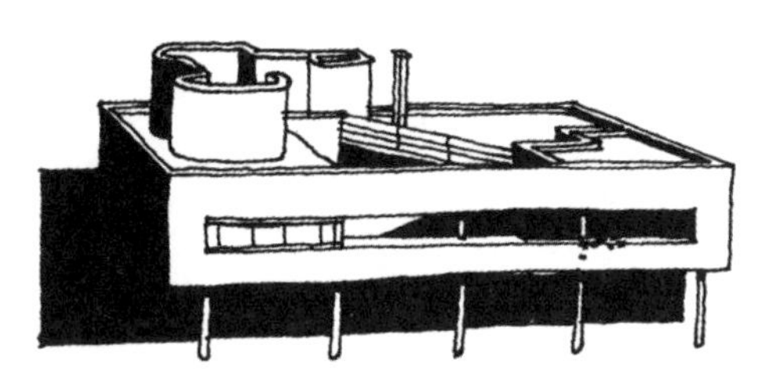

图 2.9 勒·柯布西耶，萨伏伊别墅，法国，1931 年

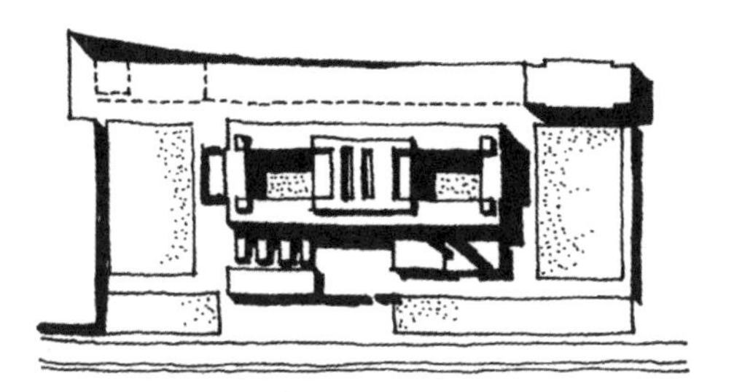

图 2.11 史密森夫妇，亨斯坦顿学校，英国，1954 年

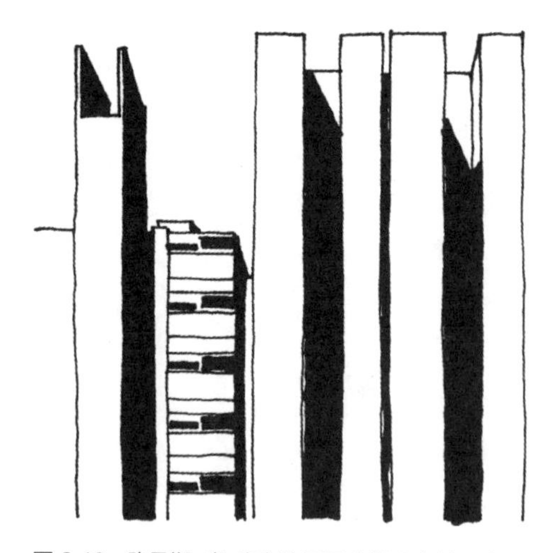

图 2.10 路易斯·康，宾夕法尼亚大学理查兹医学研究中心，美国，1961 年

图 2.12 史密森夫妇，亨斯坦顿学校，英国，1954 年

接受了其他领域的技术，最明显的是结构工程与机械工程以及应用物理学，它们催生了新的建筑类型——框架结构和大跨度结构的发展，将建筑师从传统建造技术的束缚中解放出来。过去，受制于跨度和砖石承重墙体，只能基于格间式的平面类型产生微弱的变化。现在，建筑师终于可以摆脱所有结构上的限制，随心所欲地布置各类墙体与隔断了。

如果说，19 世纪早期的技术引领了这场革命，那么后来的电梯、电动机和排气管等发明，则对所有建筑类型产生了广泛而深远的影响，进而也影响了建筑的形式结果。例如，电梯使之前受制于楼梯而没有发展起来的高层建筑成为可能（图 2.13）。19 世纪晚期发明的电动机，不仅促进了经济实用型电梯的发展，而且从根本上改变了原先只能依靠单一的水动力或蒸汽动力的 19 世纪的多层厂房类型。可以放置在任意位置的电动机所带来的灵活性，促进了大进深单层厂房的发展。此外，机械通风的发展（电动机的另一个衍生产品）和荧光灯衍生的人工照明的应用，也使任何建筑类型都可以采用大进深的模式。一旦从自然通风和自然采光的限制中解脱出来，建筑师就可以自由地探索大进深平面模式的造型潜力。

以上只是对始于 20 世纪的设计师活动所处的历史背景做了一个粗略的表述，这种背景随着 20 世纪的展开而逐渐丰富起来。但是，建筑师面对的具体设计程序又是怎样的？建筑师如何协调时代环境的普遍要求与客户的特殊要求，以及如何为这些具体要求赋予形式上的表达？

当詹姆斯·斯特林（James Stirling）设计剑桥大学历史系图书馆（完成于 1968 年）时，其平面形式直接响应了校

图 2.13 阿德勒和沙利文，温赖特大楼，美国，1891 年

方防止本科生大量盗窃图书的需求。于是，他设计了能够俯瞰四分之一圆形阅览室和放射形书架的高架控制台，在既能保障书籍安全的同时，也获得了戏剧性的建筑形式（图 2.14、图 2.15）。

1971 年，诺曼·福斯特（Norman Foster）为一家位于英国赫默尔亨普斯特德镇的计算机制造商设计了办公室，制造商提出的主要需求是临时性的结构。福斯特使用了一种充气膜结构，这一技术通常并非应用于建筑领域，但它赋予了建筑快速拆除和异地重建的可能。半透明薄膜提供了充足的日光，经过设计的灯架可以在薄膜结构发生坍塌时充当支柱（图 2.16）。

当上述这些相互关联的“时代快照”仍在清晰有力地传达正统的现代主义立场之时，一个被称为“后现代”的世界，已经拿出了一系列从文学和哲学领域借来的替代品，为建筑师提供了一种崭新的、完全不同于已被奉为圭臬的

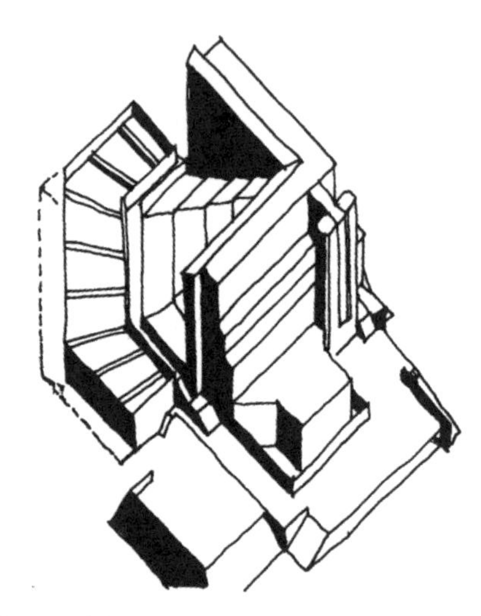

图 2.15　詹姆斯·斯特林，剑桥大学历史系图书馆（轴测图），英国，1968 年

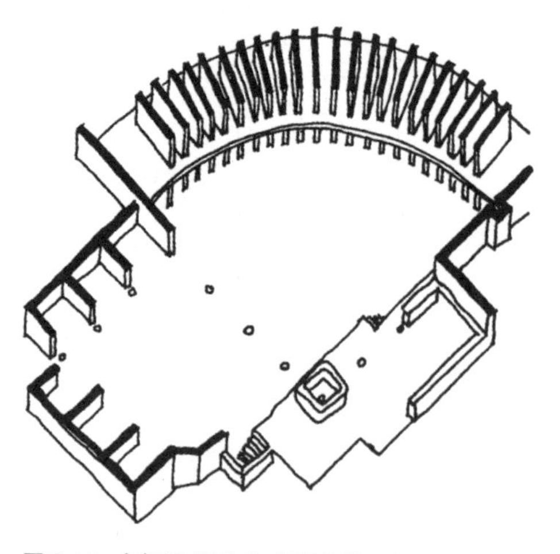

图 2.14　詹姆斯·斯特林，剑桥大学历史系图书馆（底层轴测图），英国，1968 年

图 2.16　诺曼·福斯特，计算机技术有限公司办公室（剖面图），英国，1970 年

现代主义造型语汇。在20世纪的最后25年所展露出的崭新的多元世界中，建筑师们发现自己沉迷于“自由风格”，一方面以复古主义者的方式去发掘建筑的全部历史（图2.17），另一方面又从哲学世界中借来了“解构”的概念（图2.18）。在这场后现代主义的多元化狂欢中，也有一些建筑师转而重新探寻地方性的建筑形式，并把它们运用到完全不相干的建筑类型上（图2.19）。

图2.17 约翰·奥特兰，厂房露台，美国，1980年

图2.18 扎哈·哈迪德，柏林库达姆大街方案，德国，1988年

然而，当我们进入21世纪后，对节能和可持续发展的深入关注，又在很大程度上压过了后现代主义建筑师对风格的沉迷。

热效能高、利用太阳能、依靠自然采光和通风的建筑，又重新回到了现代主义先驱对建构的关注上。而且，就像它们的现代主义前辈一样，这类建筑提供了一种新鲜的形式创造潜力——这也始终是所有建筑师最为关注的问题（图2.20）。

在简要回顾了20世纪建筑设计演变的背景之后，接下来，本书将讨论创建适宜的建筑形式的整个复杂过程。

图2.19 罗伯特·马修和约翰逊-马歇尔事务所，希灵顿市政厅，英国，1978年

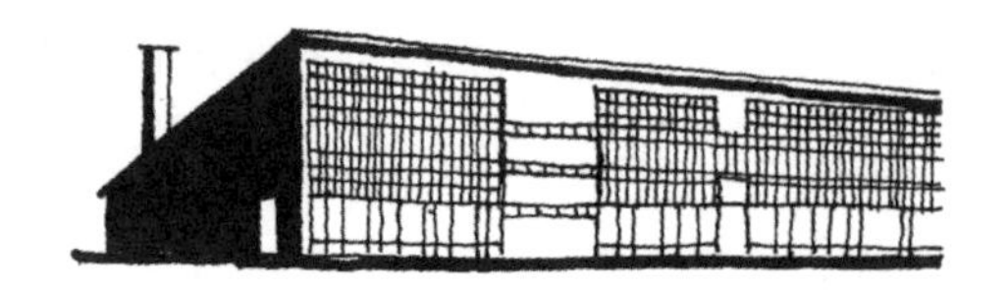

图 2.20 埃姆斯利·摩根,圣乔治学校,英国,1961 年

为了清晰起见,虽然建筑设计的过程将按顺序分别加以讨论,但每个建筑设计的过程都有它自己的先后次序,建筑师开始着手设计的出发点也各不相同。另外,建筑师还不得不考虑许多同时出现的问题。实际上,随着设计的深化,甚至还需要重新审视部分已经解决的问题。因此,即使是解决一个相对简单的建筑问题,也需要经历复杂的过程,而不是一种简单的线性模式。

3 图解的形成

回应基地

除非你设计的是一种能建造在任何地方可拆卸的临时结构，否则在任何建筑项目中，基地的特性总是为数不多的几个不变要素之一。其他基本要素，如概算、预算很可能会随着设计的推进而改变，但基地通常保持为恒定因素，设计者能够对其作出直接回应。正如建筑师在设计过程中可能很早就要确立反映内部组织和外观效果的建筑“形象”，基地的形象也应同时建立起来，以便两者顺利衔接。

分析与调查

要了解基地及其潜力就需要一种先于设计工作的分析过程。一些明显的物理特征，例如地形高差和气候，可能会激发设计师的创造性想象力。但是首先，极其重要的是理解基地本身所传达出来的“场所感”。因此，必须对基地的区位、历史、社会结构和物质形态或“肌理”有所了解，才能制定出适当的介入基地的形式和密度。这最好通过现场勘察和勾画草图来实现，因为它们是对现场物质特征比较准确的记录。比如，基地的地形暗示着怎样的使用格局？如果为了方便而把活动集中布置在基地的平坦区域，是否会与保护现场的植被或避免过多荫蔽的考虑相冲突？是否可以利用场地坡度来生成建筑的剖面组织方式？建筑的物质形式怎样适应气候？是保持基地现有的景观重要，还是建立新建筑自身的景观重要？如何建立通往基地的道路并确定建筑物在基地中的位置，以便将道路和场地工程量减至最低的同时，又能方便人与车辆的通行？基地入口如何与现有的车道和人行道交接？与基地有关的现状服务设施位于何处？

这样的调查无需设计者作出完备的回答。因为随着设计进度的推进，它们还将与其他决策一起被重新评估和调整。在这些初步的探索中，最好按比例画出基地和建筑的大致方案，这样在设计的早期就能知道基地和建筑主要部分的比例关系。通过这种方法，即使在这个阶段也有可能检验基本设计决策是否正确，以及基地与拟建建筑之间是否基本协调一致。

我们最好还是用一个实例来说明建筑师如何回应具体基地的所有问题（图 3.1）。在谢菲尔德郁郁葱葱的西部郊区，有一处拥有成熟植被的南向坡地，这里视野十分开阔，可远眺壮丽的城市远景；在北侧，一条与公共设施相联系的、包括车道和人行道的主干道，构成了基地的北侧边界。当地政府坚持要求保留现场所有的成年植被，由于基地南侧有成片树林，同时北侧道路与

图 3.1 彼得·福塞特，麻醉师之家，英国，1987 年

基地的高差很大，导致车辆无法进入基地。

而业主的要求似乎更加苛刻：这是他和妻子将来退休后的住宅，所以他希望把基地抬高并与北侧道路接平，起居、用餐和睡觉都在这个标高层面上进行。并且，他还希望将他收藏的 3 辆古董车也存放在这个标高层面，且与道路相邻，以尽量减少现场铺设车道的工作。此外，也必须尽可能保留现场的成年植被（那里原本是属于临近的一座 19 世纪别墅的前花园）。最初的草图（图 3.2、图 3.3）不仅表明了顺应基地和满足业主需求要如何相互作用，也说明了设计需要同步考虑的多方面因素。

更进一步说，这表明严格的限制条件可以为想象力和形式创造提供实际的出发点。因此，最终方案采用了线性的、单一朝向的平面；为方便出入和保

证景观，起居部分的地面被抬高，下层设置服务区域；保留北侧边界的挡土墙作为建筑物的边界，从而使建筑的占地面积减到最小，以保护所有的成年植被；此外，还设计了类似马厩的最小的车行出入口。

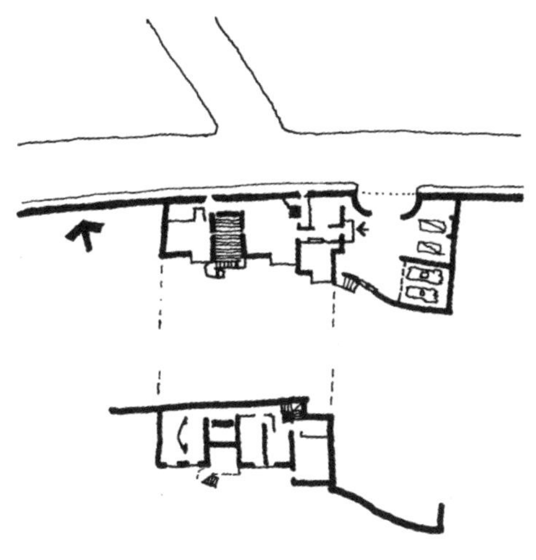

图 3.2 彼得·福塞特，麻醉师之家（上图：一层平面图；下图：地下室平面图），英国，1987 年

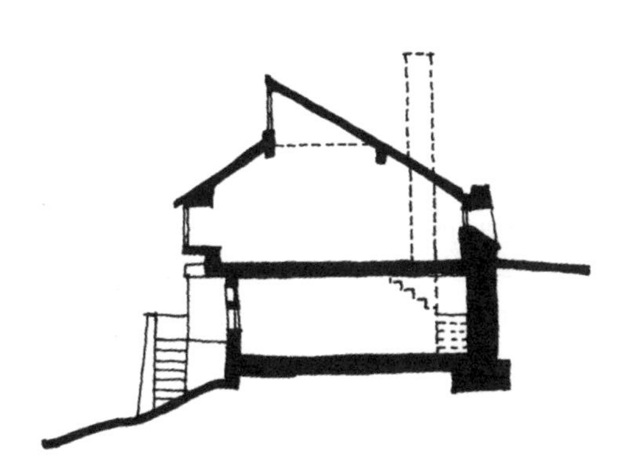

图 3.3 彼得·福塞特，麻醉师之家（剖面图），英国，1987 年

介入

上述案例演示了具体设计程序的各个方面如何与基地相互作用，以呈现理想的形式结果。其实，20 世纪的很多经典建筑案例，已经展示了建筑师对场地回应的两种极端态度：一种态度是柯布西耶用精确的几何建筑与自然景观形成强烈对比的形式（图 3.4），以及采用“底层架空支柱”使建筑脱离并悬浮于基地之上的方式；另一种态度是现代主义的传统手法，即“有机”建筑形式，让人感觉到建筑像是自己从基地上生长出来的一样（图 3.5）。这两种立场被赋予了不同的解释，前者把建筑当作经过设计的物体添加到自然中形成新景观（图 3.6），后者如爱德华·库里

图 3.4 勒·柯布西耶，别墅和公寓楼，魏森霍夫住宅展，德国，1927 年

南(Edward Cullinan)在敏感的考古地区设计的游客中心(图 3.7)那样,把所有人工建筑融入景观之中,从而把新建筑对场地的物理介入降到最低。

图 3.5 弗兰克·劳埃德·赖特,西塔里埃森,美国,1938 年

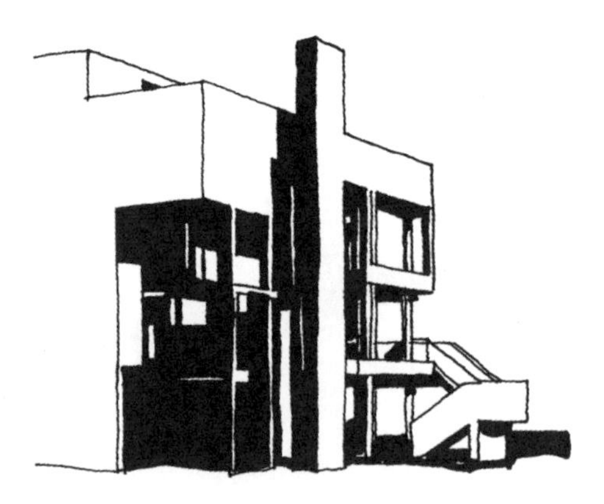

图 3.6 理查德·迈耶,史密斯住宅,美国,1975 年

选择合适的模式

虽然可能不完善、不清晰,但是建筑师通常在设计开始后不久就构想出建筑的形象。这仅仅是一种头脑中的形象,通过草图和模型表达出来并检验其可行性,则还要经历一段艰苦而漫长的过程。然而,这迈向形式创造的最初一跃,即"雏形"开始浮现的出发点,才是设计中最关键、最困难的,事实上也是令新手设计师最畏惧的部分。

设计的开始

学院派建筑师把他们对设计的最初图解称为"parti",在意大利语中,这是"出发点"的意思。"parti"把建筑的精华浓缩在一幅简单的图解之中,并能

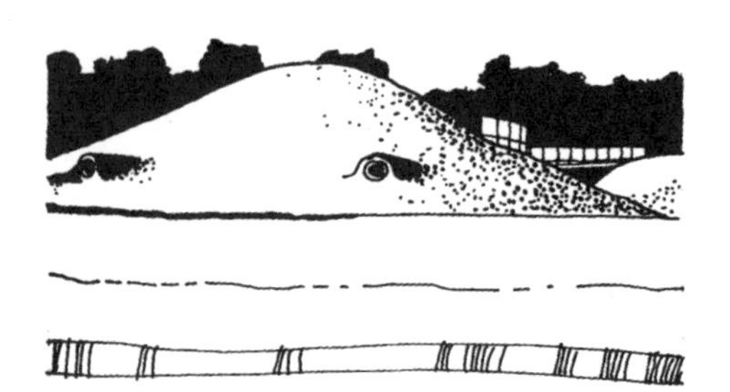

图 3.7 爱德华·库里南,游客中心,英国,1997 年

够引导建筑设计不断深化，保证最初的想法能够贯穿始终。虽然这样的过程在当时已经被公认的学院派规则阐明和评价过了，但即使在今天这个各种规则层出不穷又迅速更替的多元化的现代世界中，生成一个清晰、有序的最初图解的过程，依然是必要的。

那么，我们可以利用这个过程的哪些方面来获得这个三维图解，从而使建筑设计得以推进呢？又是什么构成了这个至关重要的创造性的跳板呢？

正如人们常说的那样，建筑最基本的表现形式只是大自然中的庇护所，以便人类的活动能够在足够舒适的条件下进行。

如果设计者认同这种立足点，就意味着必须更多地关注实际问题，而不是依赖任何理论立场、成规或先例。的确，最早、最原始的为抵御自然而建造的庇护所，仅仅是把手头可用的材料组装起来，是完全的实用主义，是通过试错来进行设计的过程（图 3.8）。即使在今天，设计过程中的一些决策在本质上依然完全是实用主义的，特别是在使用新材料或新构造时。早期粗略的、试探性的努力往往会采用与我们的祖先相同的实用性程序，通过反复尝试和试错来不断提炼和修正。

但是在寻找这个最初的形式或“出发点”的过程中，纯粹实用主义的考虑不太可能占据主导地位。设计师更有可能是受到现成方法或准则的深刻影响，这些方法或准则有助于梳理对所有人来说荆棘重重的寻找形式的过程。古典主义的建筑师们以有条理的方式开展工作，学院派同样有其自身的标准方法：在一个得到普遍认可的框架内有条不紊地引导建筑师对最初的造型进行有效的尝试（图 3.9）。随着现代主义的到来，勒·柯布西耶的“控制线”以及他后来的“模度”方法，被看作是建立在相同的数学基础上的规则和

图 3.8　圭亚那的草屋

产生相同结果的观念,它们同样为有序整理和组织建筑形式提供了一套方法。

类型学

再后来,类型学的概念(或关于"类型"的研究)已经在很大程度上取代了学院派,成为我们进行形式探索的重要出发点。当然,这是一种过于简单化的表述,因为早在 18 世纪和 19 世纪,建筑师们就已经非常注重根据使用功能来划分"类型"的观念,这源于当时的科学家们也同样十分注重用"类型"来划分整个自然世界。

我们已经看到,务实的设计师在寻求原始庇护所的建筑形式时,发展了在形式和材料上与自然密切相关的建筑,就地获得的材料以符合气候和使用者要求的方式组合在一起。这发展为一种建筑与自然和谐共处的乡土建筑类型(图 3.10),这是 18 世纪以来,设计师和理论家共同拥有的持久的灵感源泉。

而到了 19 世纪,新兴技术转而又创造了新的建筑技术,所以,一种新的建构类型(图 3.11)出现了,它关注新的结构和构造方式,与之前的乡土建筑先例大相径庭。再后来,建筑师发现自己被经历的物质文脉深深地影响,由此又发展出一种强调文脉的类型(图 3.12)。无需惊讶,所有这些类型已经发展到了非常复杂多样的程度,它们作为形式范例可以利用的综合资源,为有效开展建筑设计提供了基本参考。

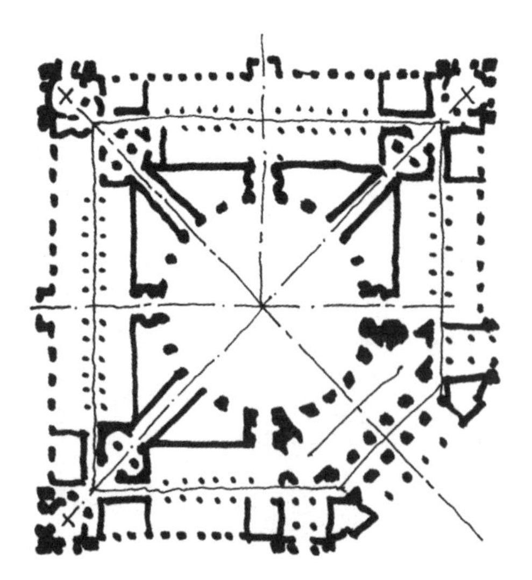

图 3.9　E. 库珀爵士,伦敦港务局大楼,英国,1931 年

图 3.10　乡土建筑,萨福克郡的谷仓,英国,1810 年

平面类型

作为创造性活动的另一个背景，类型学有着广阔前景。但如何利用特定的类型学来帮助我们将建筑发展成一个三维的人造物呢？勒·柯布西耶有句名言："平面是发生器"（The plan is the generator），暂时撇开英文翻译中失去的意义不谈（"三维组织是发生器"应该更接近原意），它意味着平面类型确实是许多出发点中的一个（其他的将在后面讨论）。此外，不管你的建筑是否坚持采用自由式或几何形式，或两者兼而有之，仍有可能提炼出为数不多的几种基本平面类型，这些类型可能包括直线型、庭院型、单元重复型、大空间型以及大进深型平面（图 3.13~图 3.17）。当然，每一种类型都有很多的变化，而且大多数建筑都需要结合不同的类型以满足复杂的需求。然而，确立平面形式的最初尝试，依然是一个使设计得以推进的关键决定，它将提供一个合适的"框架"来容纳具体的社会活动。

建筑类型

显然，历史上像"巴西利卡"（Basilica）或"圆形大厅"（Rotunda）这样的

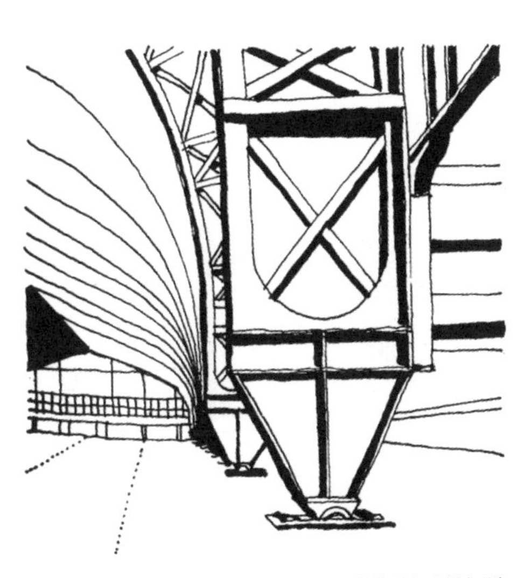

图 3.11 孔塔明和杜特尔特，巴黎博览会机械馆，法国，1889 年

图 3.12 罗伯特·文丘里和塞恩斯伯里·温，国家美术馆圣伯里翼扩建部分，英国，1991 年

平面类型通常与特定的建筑类型密切相关,而且这种平面与建筑类型之间的联系,虽然并没有那么教条主义,却也仍然持续存在于20世纪的建筑之中(图3.18、图3.19)。但不可避免的是,这种传统观念不时地会受到挑战,而这些挑战通常作为建筑发展中重要的催化因素被载入史册。

例如,第二次世界大战后英国学校建筑的单元重复型设计,不仅受到了1949年史密森夫妇在亨斯坦顿学校庭院型建筑(图3.20)的挑战,而且也受到1972年由大伦敦议会建筑部(Greater London Council Architects' Depart-

图3.13 巴里·琼斯,埃德蒙顿技术中心,英国,1987年

图3.15 艾尔曼和鲁佛,布鲁塞尔世界博览会德国馆,比利时,1958年

图3.14 阿尔多·凡·艾克,阿姆斯特丹孤儿院,荷兰,1960年

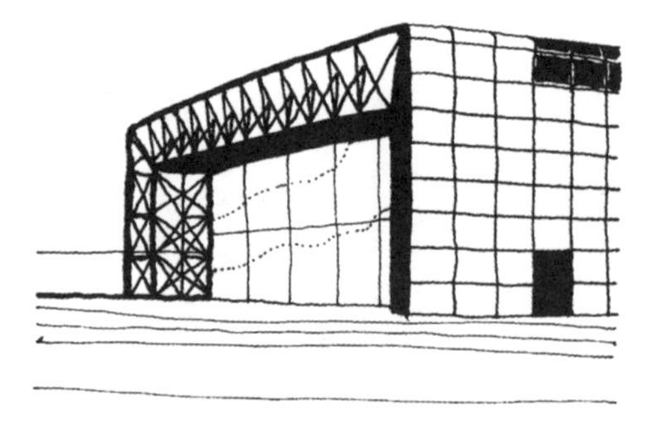

图3.16 诺曼·福斯特,塞恩斯伯里视觉艺术中心,东英吉利大学,英国,1977年

ment)设计的皮姆里科中学(前身为Pimlico School,后更名为Pimlico Academy)的直线型平面的挑战,后者不仅顺应了伦敦的矩形城市肌理,还形成了一条可供日常社交活动使用的内部“街道”(图3.21)。

类似地,在利用自然通风和采光以节约能源的压力下,迈克尔·霍普金斯(Michael Hopkins)在1995年设计的诺丁汉税务局(Inland Revenue office in Nottingham)采用了小进深平面(图3.22)。它结合庭院型平面,有效地取代了以往那种由机械通风和人工照明

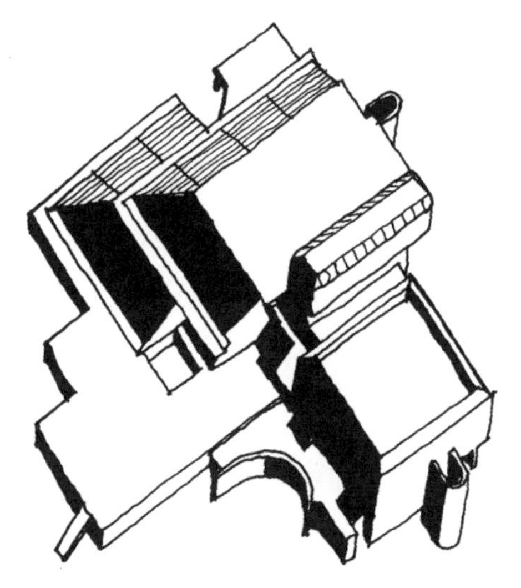

图3.17 阿伦茨、伯顿和卡罗莱克,朴茨茅斯理工学院图书馆,英国,1979年

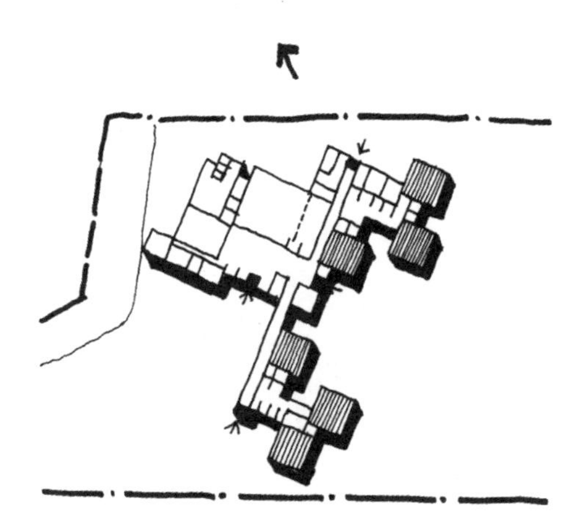

图3.18 C.阿斯林,阿博伊恩幼儿学校,英国,1949年

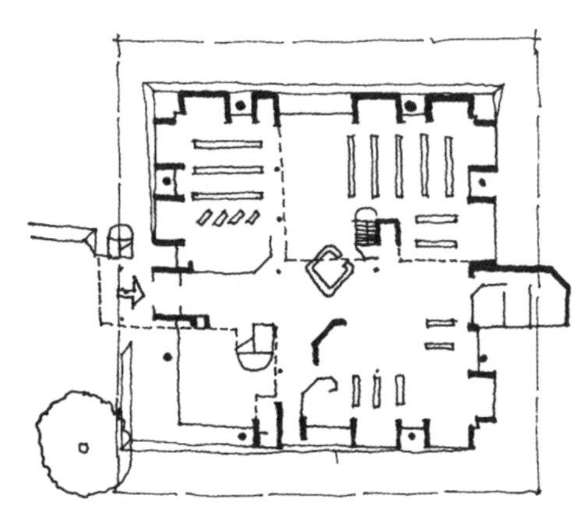

图3.19 阿伦茨、伯顿和卡罗莱克,梅登黑德图书馆,英国,1972年

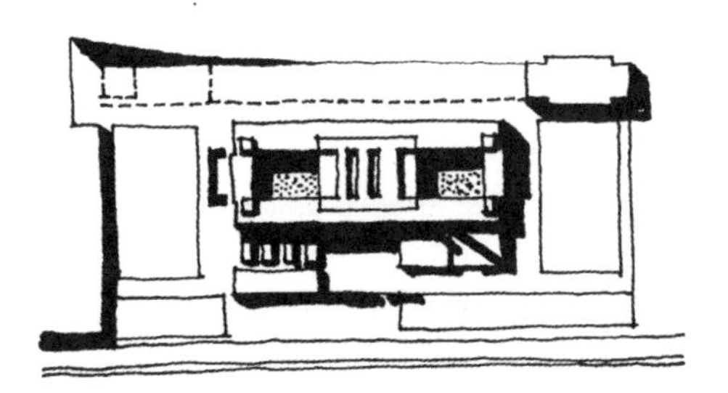

图3.20 史密森夫妇,亨斯坦顿学校,英国,1954年

（都是高耗能的）技术推动的大进深办公楼的传统做法。此外，庭院的介入使建筑生成了一种令人满意的城市空间形态，既有林荫大道形成的公共区域，也有内部庭院形成的私人区域（图3.23）。因此，霍普金斯利用这种严格控制的方式，不仅挑战了公认的办公建筑类型，还依照城市的比例提出一种模式以控制城市的无序增长。

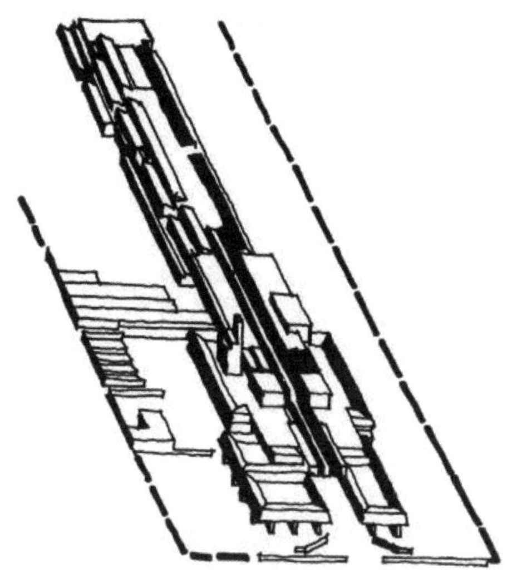

图3.21 约翰·班克罗夫特，皮姆里科中学，英国，1966年

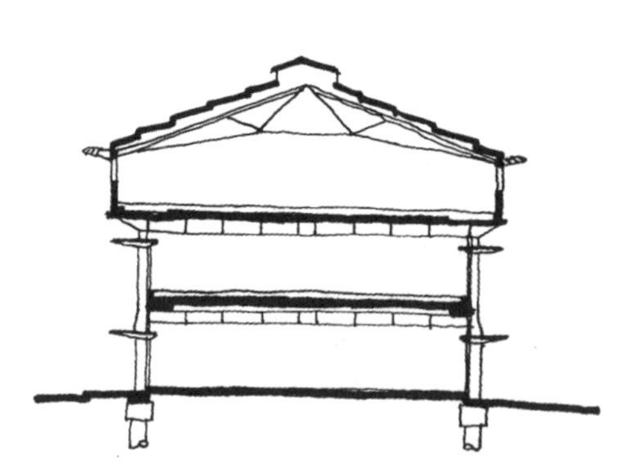

图3.22 迈克尔·霍普金斯及合伙人事务所，诺丁汉税务局（剖面图），英国，1995年

平面布局

当建筑设计从最初的图解开始进一步发展时，以图解清晰为基础，不断检验其有效性是至关重要的。因为随着建筑问题的逐步明朗，需要反复重新评价最初的图解。详细地建立建筑物的三维组织的整个过程，最好是运用草图来进行。勾画草图的技能会促进各种想法源源不断（而且快速）地被挖掘出来，再经过比较和评价以决定采纳或

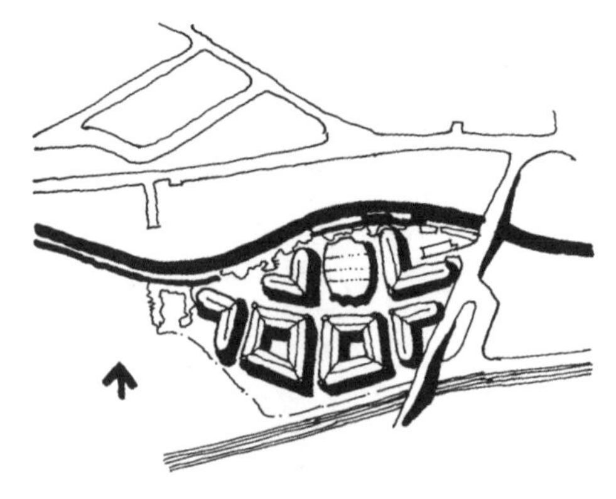

图3.23 迈克尔·霍普金斯及合伙人事务所，诺丁汉税务局（总平面图），英国，1995年

否决。

许多评论家已经讨论过，形式创造的不确定过程可以依靠绘图来进行，更具体地说，需要依靠一些成熟的方法。20 世纪 60 年代，詹姆斯·斯特林最著名的作品——1964 年建造完成的莱斯特大学工程馆和 1968 年设计完工的剑桥大学历史系图书馆——都表明了这一点。可以说，在这些作品中，它们的形式在某种程度上是通过绘制轴测图进而产生的结果（图 3.24、图 3.25）。这样说似乎有些牵强，因为我们都知道，通常这些建筑源自 19 世纪功能主义的传统和现代主义的传统，这些传统远不止于对各种绘图技法的关注。

从轴测图可以看到，这两座建筑的形式表明了现代主义的一条基本准则：建筑的三维组织结构（和功能布局）应该作为外部形态清晰地呈现出来。因此，在莱斯特大学工程馆中，车间、实验室和报告厅各自独立的功能被清楚直观地表达了出来，而剑桥大学历史系图书馆的阅览室和书库也是如此。

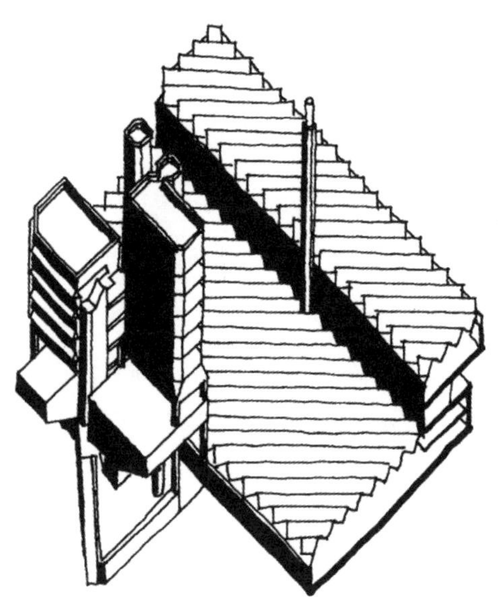

图 3.24 詹姆斯·斯特林，莱斯特大学工程馆（轴测图），英国，1964 年

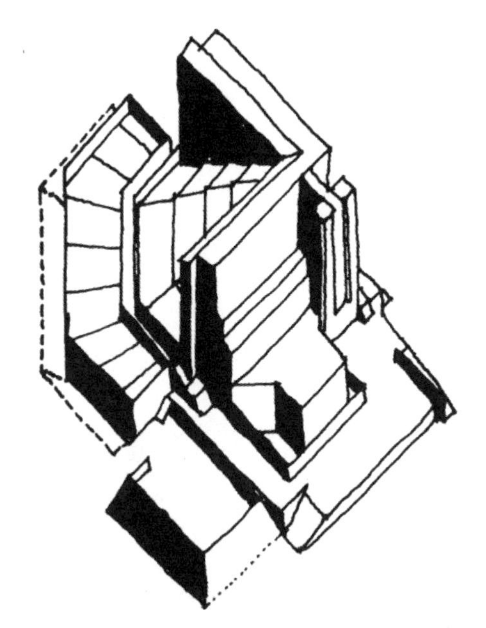

图 3.25 詹姆斯·斯特林，剑桥大学历史系图书馆（轴测图），英国，1968 年

流线

除了表达不同功能内容的组织外，斯特林的三维模型还表达了建筑内部交通流线的特点(图 3.26、图 3.27)。实际上，把建筑内部的水平和垂直流线系统一定程度地反映到建筑的外部形态上，常常成为现代主义建筑师高度关注的问题。于是，把楼梯间和电梯从建筑主体中独立出来，再通过平台和天桥与建筑主体相连，成为建筑师所痴迷的手法；同样地，把建筑围护结构内的主要水平流线系统在外部表达出来也成为建筑师的一种强烈愿望。

事实上，许多建筑师把流线视为承载各功能单元的“骨架”(图 3.28)，因此对流线的形态表达不仅成为组织平面功能的核心工作，而且也为探寻建筑形式的过程提供了强有力的引导。

此外，对流线的形式表达能够修正和丰富基本平面类型。例如，一座直线式的建筑，无论布置成单侧或双侧房间，对流线的形式表达都将影响平面和建筑最终的形式(图 3.29)。类似地，

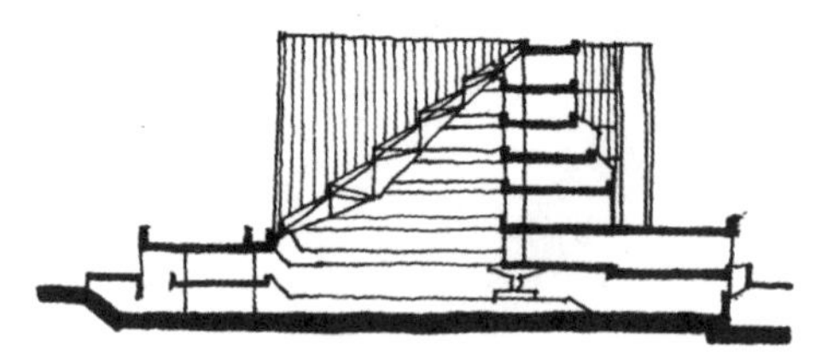

图 3.26 詹姆斯·斯特林，剑桥大学历史系图书馆(剖面图)，英国，1968 年

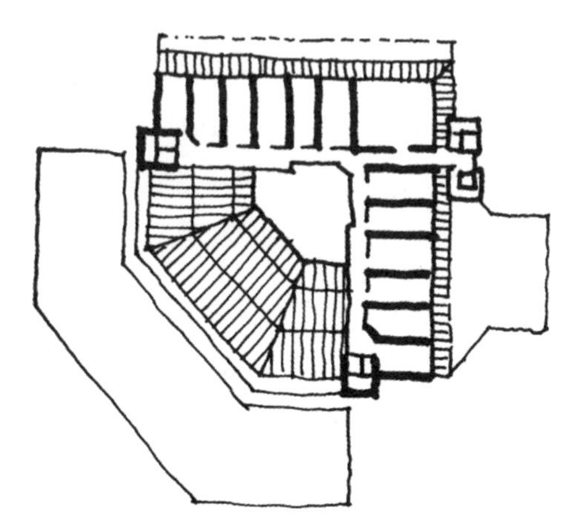

图 3.27 詹姆斯·斯特林，剑桥大学历史系图书馆(五层平面图)，英国，1968 年

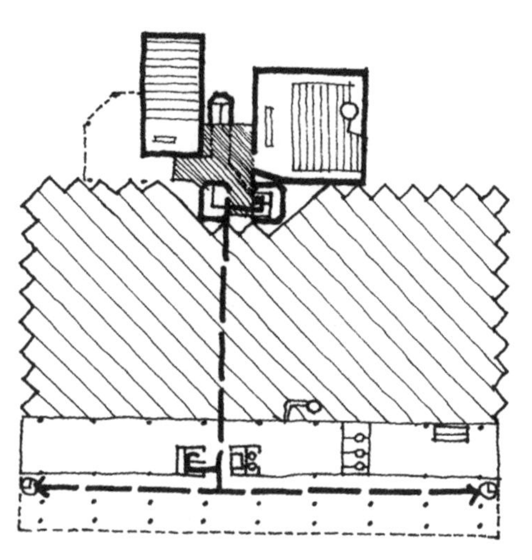

图 3.28 詹姆斯·斯特林，莱斯特大学工程馆(二层平面图)，英国，1964 年

庭院式建筑内部的“回廊”式流线，既可位于建筑内部（图 3.30），也可偏于一侧直接与内院相邻而产生互动（图 3.31）。显然，这种基于建筑内部流线的决策不仅影响建筑主体的内部空间特点，而且在庭院式平面的情况下，还会影响到外部庭院的空间品质。

如果这种模式进一步发展为所谓的“中庭式”平面，那么中庭或有顶的庭院，本身就是流线的一部分（图 3.32）。

除非把“诗意的路径”作为理清建筑功能组织的一种手段（这将在稍后讨论），否则设计者总是会力求最短的交通流线。很明显，这种追求在遇到直线

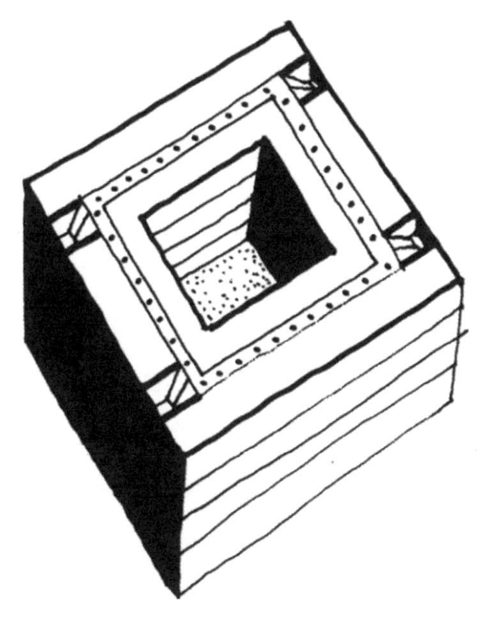

图 3.30 “回廊式”庭院平面类型，双侧房间

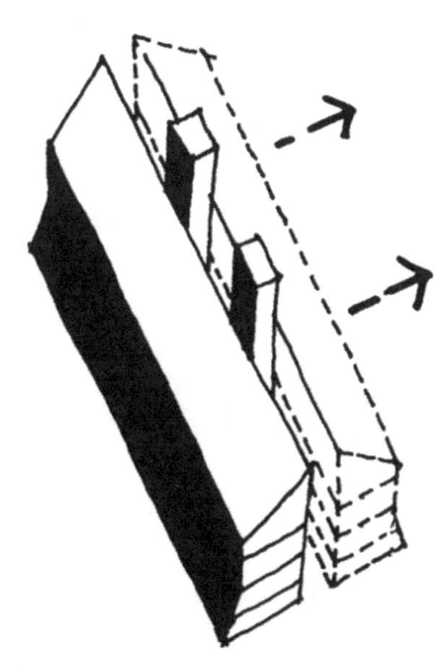

图 3.29 “直线式”平面类型，单侧房间或双侧房间

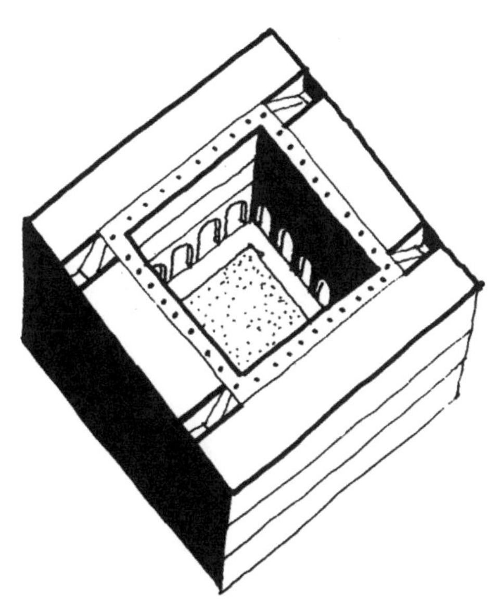

图 3.31 “回廊式”庭院平面类型，单侧房间

型建筑时会产生一些困难,这种类型不可避免地会生成较长的过道和走廊,但建筑师依然可以找到一些办法来最大限度地减少它们在视觉上的长度。

● 水平流线

最基本的方法是,通过照明的变化对路径进行标记和分段,比如正好对应着流线上过厅一类的垂直交通“节点”(图 3.33)。更进一步的流线分段可以由主流线之外的“次空间”也就是标明通往建筑内部各单元的出入点来实现(图 3.34)。这样的“次空间”还可以在建筑内部的主空间与人流路线或人流汇聚点之间提供有效的过渡。

流线的另一个重要的作用是,帮助我们“阅读”建筑。首先,在任何建筑中都存在着不同等级的流线,可用于厘

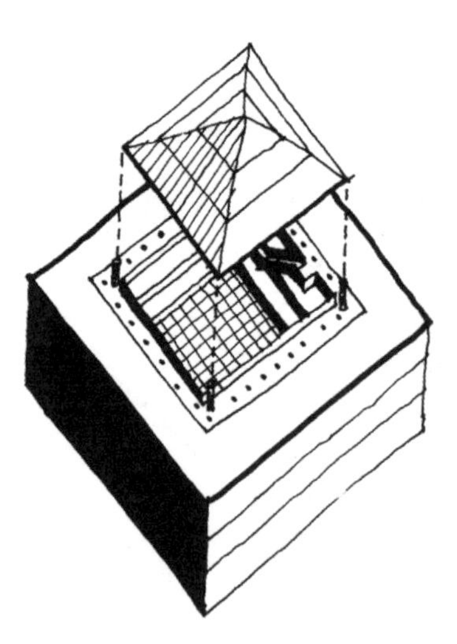

图 3.32 “中庭式”庭院平面类型

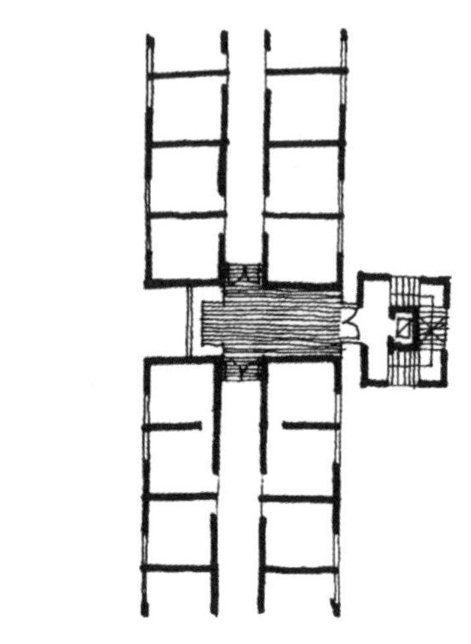

图 3.33 流线“节点”

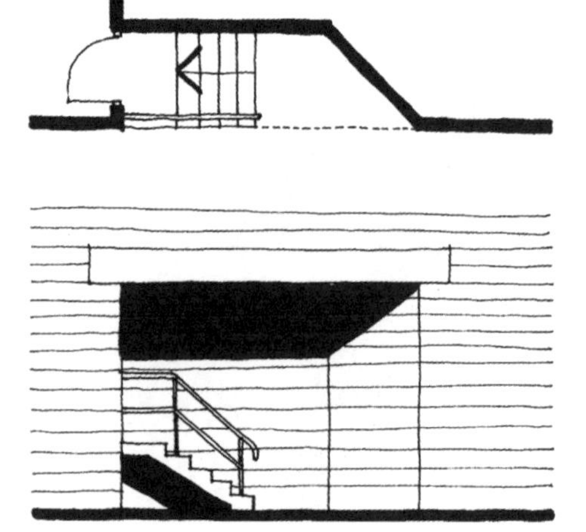

图 3.34 流线之外的“次空间”(上图:平面图;下图:立面图)

清功能结构，因此从图解上来看，流线的形式表现为由主要人流汇集大厅（主干）和次要走廊（分支）构成的树形结构（图 3.35）。其次，这些流线总是被各种活动标记和分段，有助于我们“阅读”建筑的三维构成。再者，一些“结构性的标记点”，使建筑内的主要活动被反复看到，也有助于使用者“阅读”和理解平面功能布局，如垂直流线节点或门厅、中央大厅、礼堂等主要公共空间节点（图 3.36）。流线的形式也有助于我们根据所进行的内部活动和外部活动定位自身在平面中的位置。不管是向外看到基地环境或向内看到庭院景观，都为使用者提供了一种稳定的方位参照。

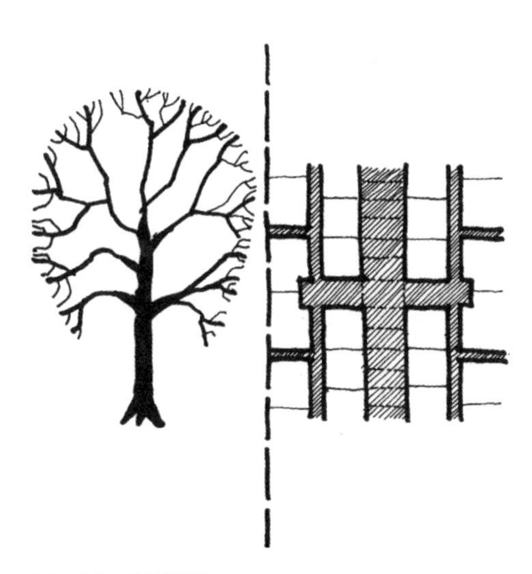

图 3.35 树形流线

● 垂直流线

垂直流线的位置也有助于“阅读”建筑，而且对生成平面的功能布局至关重要。垂直流线同样也有层级，比如，服务楼梯或逃生楼梯要在平面图中慎重地布局，以免干扰主楼梯的首要地位（图 3.37）。

此外，楼梯或坡道除了垂直交通功能外还可以有其他功能。它可以标示重要楼层或容纳主要功能的基准楼层（即主入口所在的楼层）的位置，也可以成为戏剧化的形式载体（图 3.38）。

那么，楼梯或坡道应该采取哪种类型呢？双跑楼梯或坡道让使用者可以在同一位置上下楼（图 3.39）；而单跑楼

图 3.36 赫曼·赫兹伯格，社会事务部办公大楼（顶层平面图），荷兰，1990 年

梯或直跑楼梯(包括自动扶梯)则需要在不同的位置上下楼,上下楼梯之间可能还需要加一条连接走道(图 3.40);如果楼梯或坡道采用弧形平面,那么就更具动感(图 3.41);而楼梯平台如果足够宽敞,那就不只是划分梯段的作用,还可以创造日常社会交往的空间。

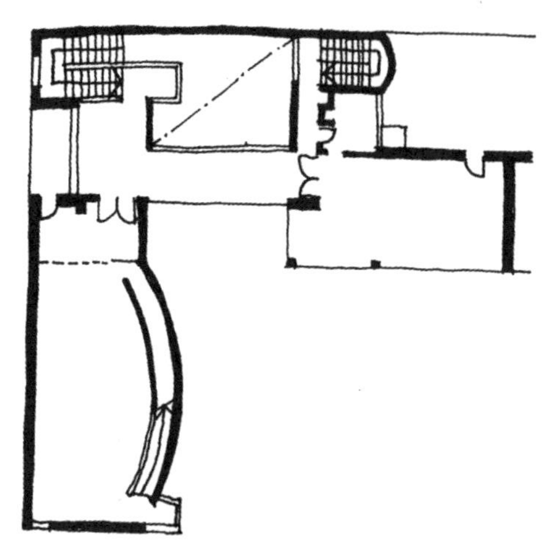

图 3.37 勒·柯布西耶,拉罗歇别墅(二层平面图),法国,1923 年

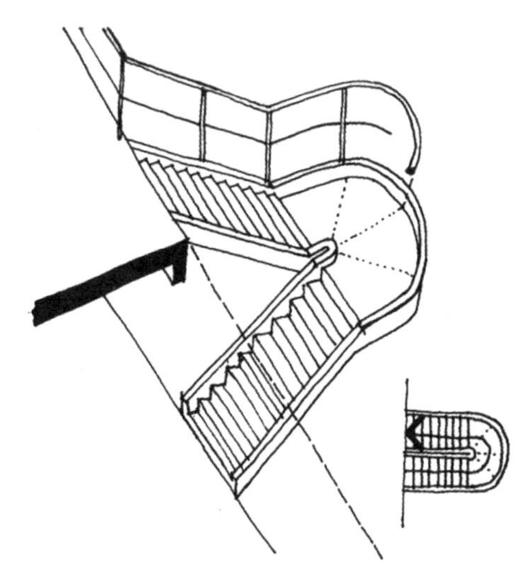

图 3.39 双跑楼梯

图 3.38 阿尔瓦·阿尔托,教育研究所,芬兰,1957 年

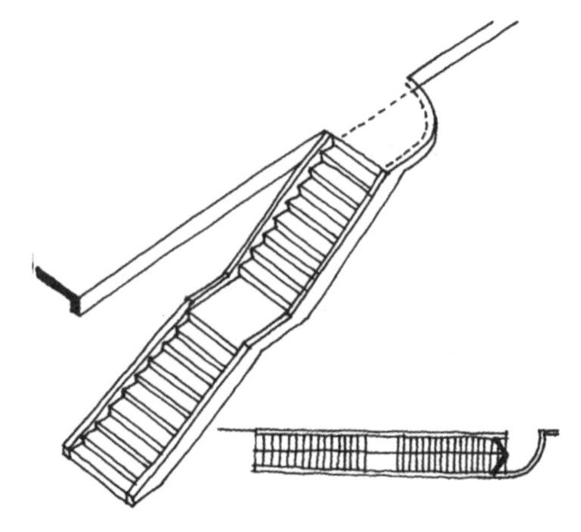

图 3.40 单跑楼梯

建筑漫步

“建筑漫步”的概念与建筑物的任何一种内部流线都密切相关。意思是说，通过预设的路径把一系列精心布局的事件或体验连接在一起，更有助于感受建筑。纵观建筑历史，如何让使用者通过“建筑漫步”接近、进入并体验建筑的三维组织，一直是建筑师的核心工作。

建筑外部的楼梯、基座、门廊和前厅不但将私密的内部世界与公共的外部领域分隔开来，而且提供了令人满意的从内而外的空间过渡（图 3.42）。而且，这些手法也作为现代主义者关注的中心问题在 20 世纪被反复强调和诠释。比如，漂浮的基座，常常与水有关，从而扮演了“礼仪桥”的角色（图 3.43）；突出的雨棚或嵌入式的入口取代了古典的门廊，不仅标示了入口，更使人们在进入之前就可以参与对建筑的体验（图 3.44、图 3.45）。

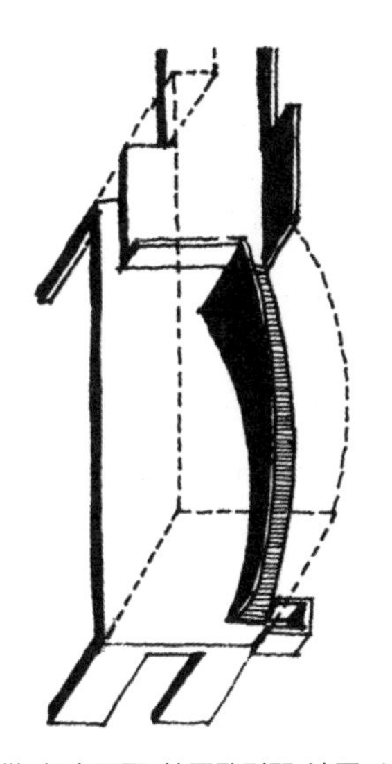

图 3.41 勒·柯布西耶，拉罗歇别墅，法国，1923 年

- 范例

到了 20 世纪 20 年代末，勒·柯布西耶已经把“建筑漫步”概念发展到高度成熟。1928 年建成的加歇别墅（Villa Stein-de-Monzie）中，一条精心编排的路径不仅让我们体验到一系列复杂的空间，而且通过合理组织，给我们提供了一系列关于建筑空间组织的线索。别墅的入口位于北侧，开有横向长窗的朴素立面如同一幅纯粹主义的绘画。但是立面的处理打破了单调感，并引导我们与建筑的接触。尺度巨大的突出雨棚“标示”了主入口，并使服务入口处于次要的地位。

同时，两个入口的大小不同，也避免了重复或混淆（图 3.46）。女儿墙上的开口暗示着屋顶露台的存在。刚进

图 3.42 贝尼尼，罗马圣安德烈教堂，意大利，1678 年

图 3.44 勒·柯布西耶，巴黎救世军大楼，法国，1933 年

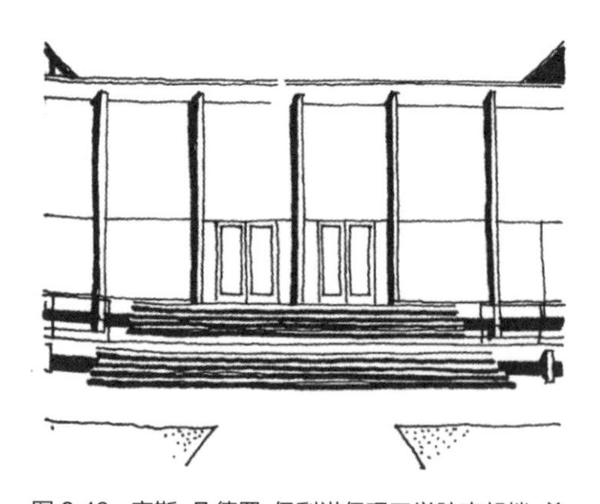

图 3.43 密斯·凡德罗，伊利诺伊理工学院克朗楼，美国，1956 年

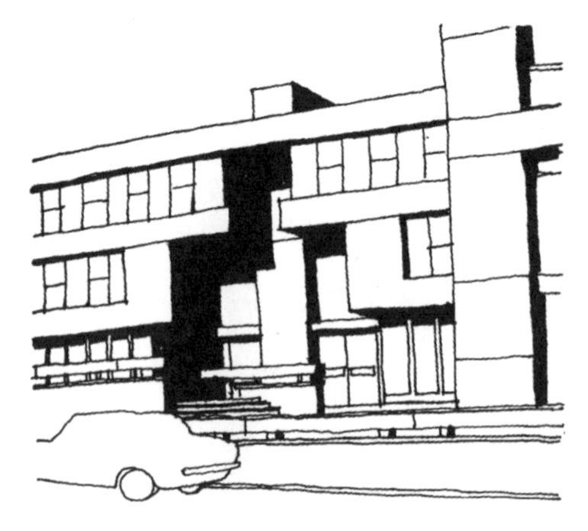

图 3.45 彼得·沃默斯利，罗克斯堡郡政府办公楼，英国，1968 年

入建筑，二层楼板上的开口就提供了一个视线通道，使人立即意识到第二层的重要性，进而确立了第二层作为基准楼层。开口旁一部独立的双跑楼梯让我们再次与这一开口直接接触，开口的曲线边界也引导着我们向更深处探索。南立面的宽大玻璃窗与远处的花园融为一体，然而预设的路线却转向室外露台。此处复杂的剖面构成中还预示了更多的上层露台，使二层露台被视为室内外过渡的空间。最后，一部单跑楼梯通向花园，结束了这个复杂的漫步（图3.47）。路线依次展示了建筑的各主要空间，但同时隐藏了平面中的“服务”元素，如服务楼梯、一层的服务人员区和二层的厨房，从而建立起清晰地功能层级。

与加歇别墅用流线标示和强调被抬高的基准楼层做法不同，1949年阿尔瓦·阿尔托（Alvar Aalto）在麻省理工学院设计的蛇形学生宿舍楼，则运用了相反的方法。参观者从高处进入这座滨河的高层建筑，然后向下进入主门厅和俯瞰查尔斯河的公共空间（图3.48），也获得了同样戏剧性的效果。

詹姆斯·斯特林在两个著名的美术馆设计中，通过精心组织的平面，把这种复杂路径的概念发展到了更为成熟的阶段。一个是1984年斯图加特国家美术馆新馆（图3.49），另一个是1986年的伦敦泰特美术馆的克洛画廊（图3.50）。它们都通过前导和过渡空间来强调入口，把“建筑漫步”作为强有力

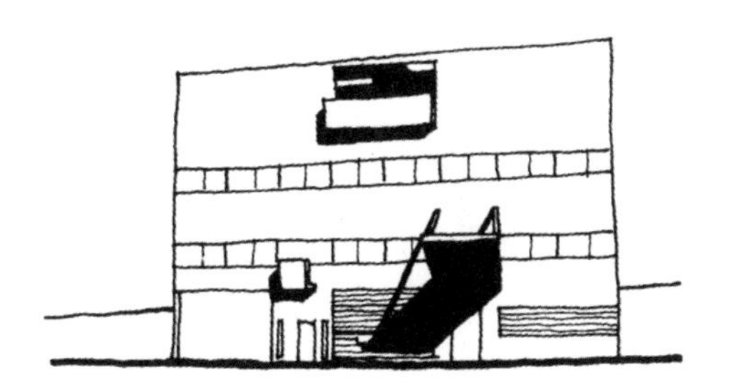

图3.46 勒·柯布西耶，加歇别墅（北立面图），法国，1927年

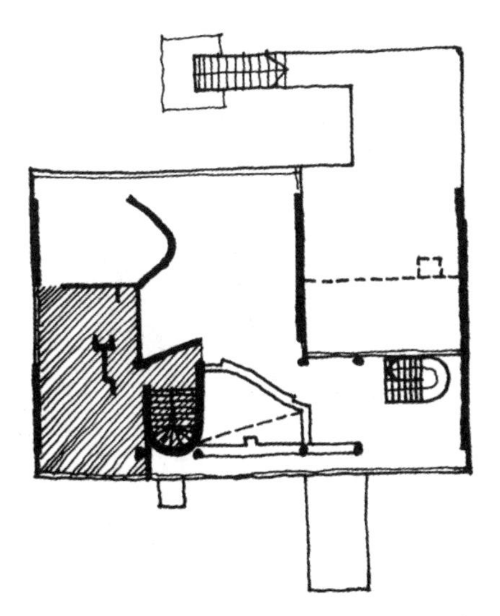

图3.47 勒·柯布西耶，加歇别墅（二层平面图），法国，1927年

的构成手段,在坡道和楼梯的配合下,与严谨的展示空间序列并列在一起,创造出了强烈的空间效果。

图3.48 阿尔瓦·阿尔托,麻省理工学院贝克宿舍楼,美国,1951年

在更普遍的层次上,彼得·沃默斯利(Peter Womersley)在1970年设计的苏格兰罗克斯堡郡政府办公楼(图3.51),使用了类似的手段来表现其空间布局。他利用每个楼层的保险库组成一座“钟塔”,从远处看强调了建筑的入口,但在走近时却隐到视线之外。在近处,入口则通过在主体结构上的深深内嵌得以强调。这样,建筑首层用一个两层高的挑廊,形成了通往门厅的通道。大门旁的电梯井从外部就能看到,同时门厅与中央庭院相连。通过这种简单的手法,这座公共建筑的本质特征就直接呈现在使用者面前:这是一座三

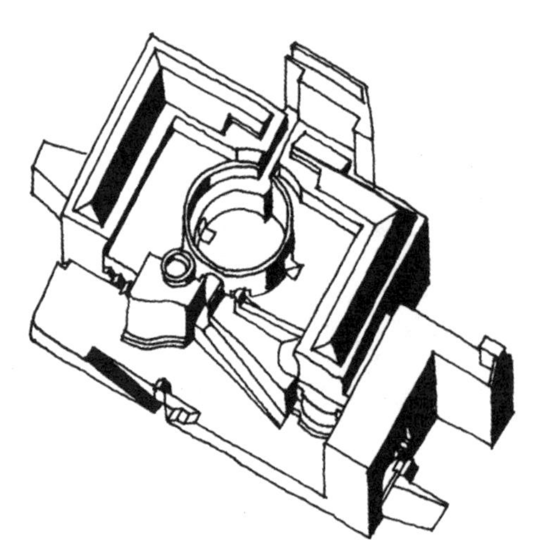

图3.49 詹姆斯·斯特林,斯图加特国家美术馆新馆,德国,1984年

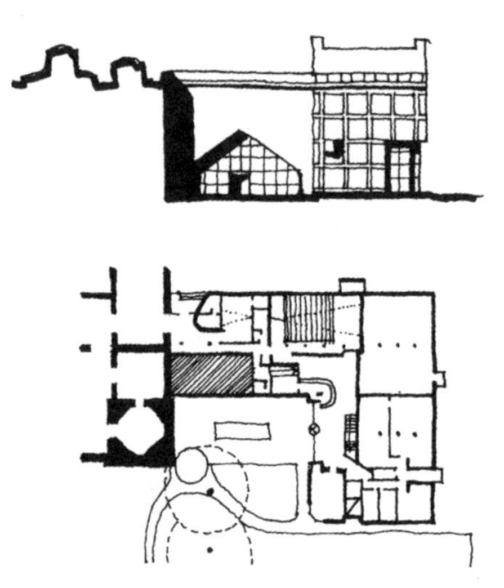

图3.50 詹姆斯·斯特林,伦敦泰特美术馆克洛画廊(上图:立面图;下图:平面图),英国,1987年

层楼的庭院型建筑，一条中间回廊连接起双侧单元式办公室。

虽然形式上是一个非常不同的类型，但沃默斯利仍然同样地利用诗意的路径描述和阐明了平面功能的基本组成。

空间等级

虽然这种贯穿一座建筑的流线形式和“路径”次序使我们能够“阅读”和构建一个建筑的三维形象，但仍然存在一个同样重要的问题，那就是这些系统所联结的性质不同的空间如何进行交流。这意味着需要一个空间等级体系，比如，从仅仅为建筑功能服务的普通要素中，清晰界定出来的具有深刻象征意义的空间，使经过组织的空间层级通过建筑得以清晰表达。举个类似的例子，比如在为社区设计时，必须将公共区域内的空间与那些被认为非常私密的空间明确区分开来。当然，在这两个极端之间，还有一系列的空间事件需要被放置在这个等级秩序中，它们之间也必须沟通。

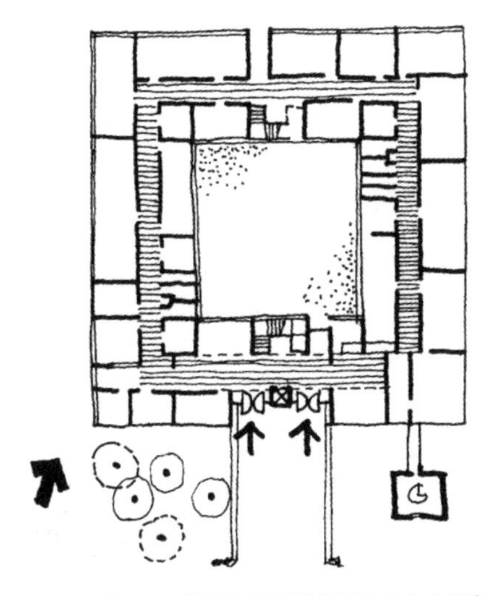

图 3.51 彼得·沃默斯利，罗克斯堡郡政府办公楼（一层平面图），英国，1968 年

这种明确的区分，在 1960 年丹尼斯·拉斯顿（Denys Lasdun）设计的伦敦摄政公园皇家医学院（图 3.52）中做到了。该建筑的礼仪部分被设计成公园中一个显眼的、分层的、由架空柱抬高的流线亭。与此形成对照的是，办公部分表达得很简单，不受人注目地填充到临街的那一边（图 3.53）。此外，这种区别不仅在外部得到了明确的表达，而且在探讨内部平面时得到了进一步强化。

● 次空间

关于空间等级的全部问题也可以

应用于次空间,所谓次空间是指从属于主空间的第二空间,比如教堂中附属于主礼拜堂的侧礼拜堂。1959 年,在法国阿布雷勒山谷的拉图雷特修道院(图 3.54),勒·柯布西耶把教堂硬朗幽暗的长方体形式与侧礼拜堂自由明亮的曲面形式相对比。在灰色主体的衬托下,侧礼拜堂使用的原色进一步强调了这一对比。这种并置不仅强化了建筑的戏剧性效果,而且烘托出了主礼拜空间的首要地位。

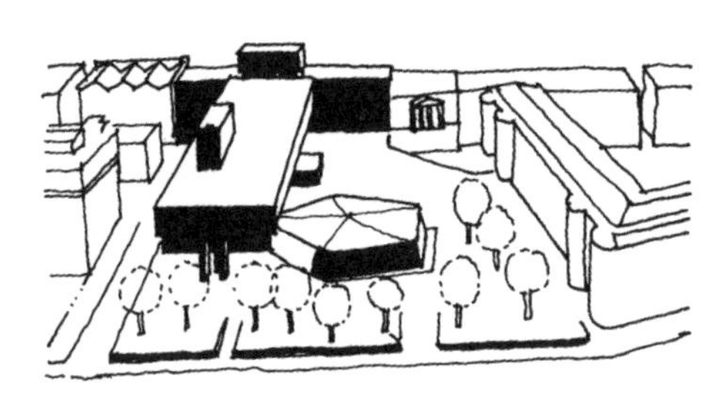

图 3.52 丹尼斯·拉斯顿,伦敦皇家医学院,英国,1959 年

尽管使用了不同的建筑词汇,但 C.R. 麦金托什(C. R. Mackintosh)在 1904 年设计的苏格兰海伦斯堡希尔住宅(图 3.55)中,也试图以同样的方式去突出主体空间(主卧室)。它采用了相互加强而不是对比的子空间,但建筑手法是一样的,即通过升高的顶棚和简单的直线几何形状,使主体空间获得了主导地位。

同样,像剧院这样的公共建筑也必须明确区分"前台"和"后台"的公共和私人领域。1976 年,丹尼斯·拉斯顿设计的伦敦国家剧院(图 3.56),通过外在的建筑表现强调了这种区别。但更

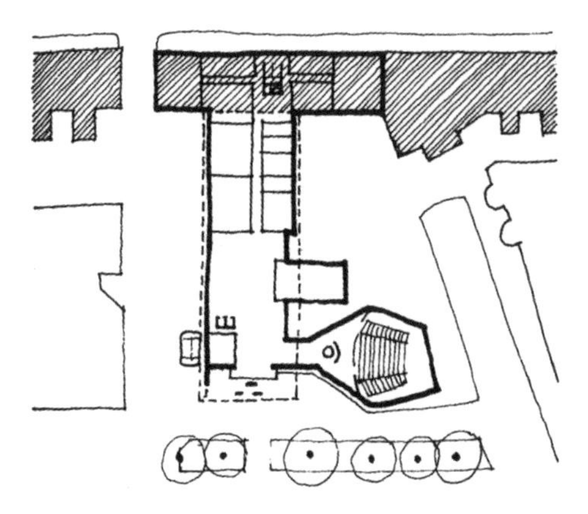

图 3.53 丹尼斯·拉斯顿,伦敦皇家医学院,英国,1959 年

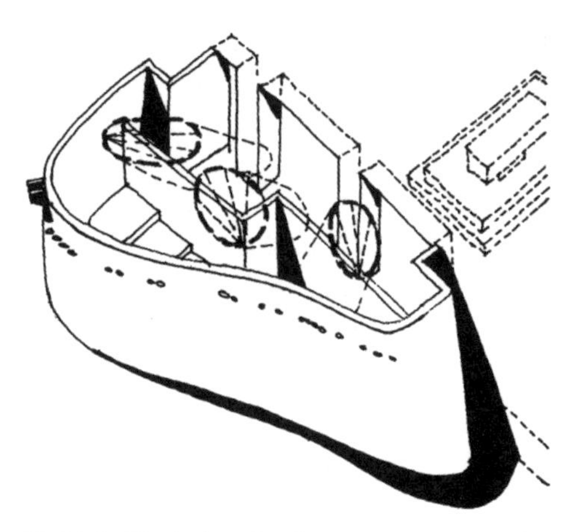

图 3.54 勒·柯布西耶,拉图雷特修道院,法国,1955 年

为直接的是通过明确的平面策略，可以使人立即理解，避免产生任何歧义的暗示。

● 室内-室外

在平面功能的背景下建立并阐明的这些空间等级结构已经被历史上的建筑师们实践过了。例如，布扎派建筑师运用一套轴线系统极大地推进了这些实践探索。但很多渴望打破传统的现代主义建筑师，已经放弃了这种秩序化的手段，转而相信抽象艺术和建筑技术的发展或许能够提供新的可能。结果之一就是使功能平面布局从刻板的轴线对称形式中摆脱出来（图3.57），但另一结果是，更关注建立室内和室外空间之间的亲密无间的关系。这使得设计者可以把室外空间视为没有屋顶的室内空间，从而嵌入平面之中。此

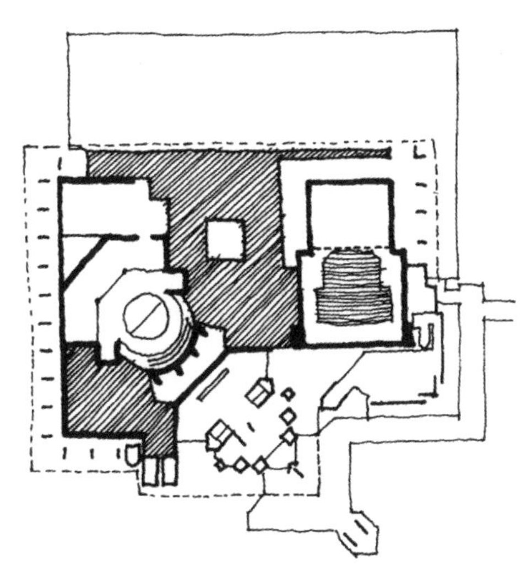

图3.56 丹尼斯·拉斯顿，伦敦国家剧院，英国，1976年

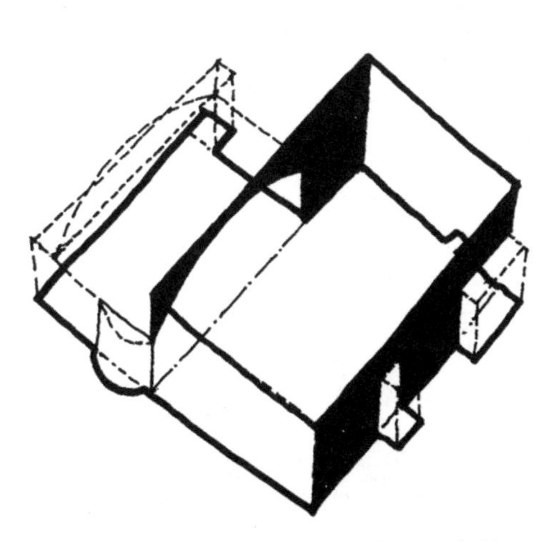

图3.55 C.R.麦金托什，希尔住宅（主卧室），英国，1903年

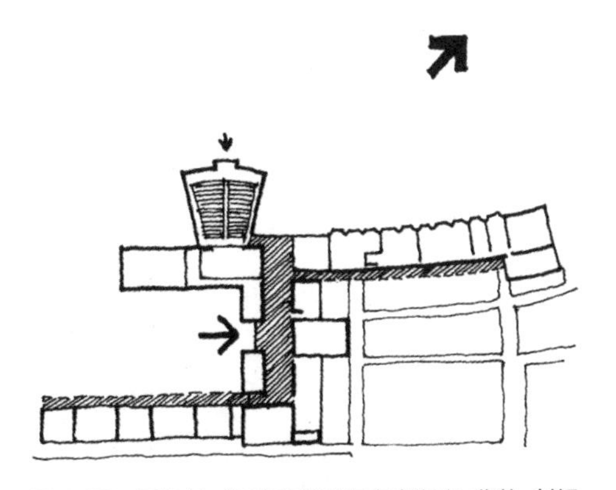

图3.57 沃尔特·格罗皮乌斯与麦克斯韦·弗莱，剑桥大学伊平顿学院（平面图），英国，1936年

外,由于可移动围挡的玻璃幕墙的发展,使得室内外之间可以实现完全的交融,而不被主体结构打断。

甚至到了20世纪20年代中期,现代主义者们就已经把这种技术发展到了炉火纯青的水平。勒·柯布西耶1927年在加歇(Garches)和1931年在普瓦西(Poissy)为巴黎人设计的别墅中,把明确限定的室外空间作为可居住房间的扩展来配置。

在加歇别墅中,高达一层的女儿墙上布置着精心设计的开口,围合出一处室外的起居空间(图3.58)。而在普瓦西的萨伏伊别墅,室内坡道与室外露台连接在一起,最终结束于这个室外的日光浴室(图3.59)。起居室的横向长窗延伸到相邻一层露台的女儿墙上,以另一种方式表达了既像室内又像室外的双重含义(图3.60)。

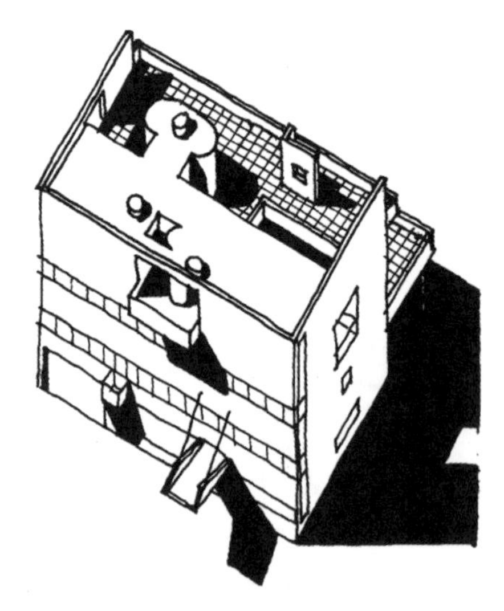

图3.58 勒·柯布西耶,加歇别墅,法国,1927年

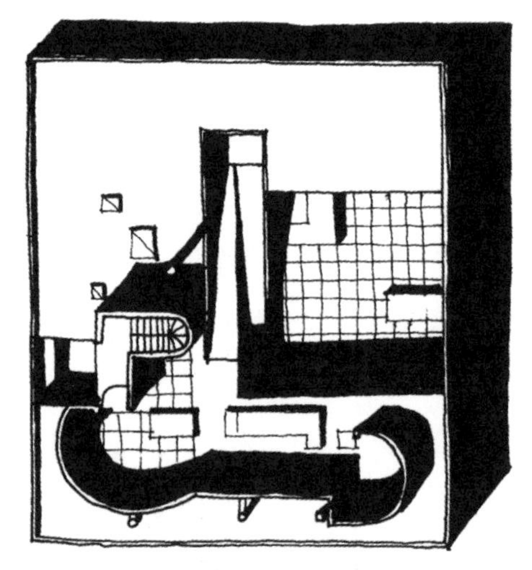

图3.59 勒·柯布西耶,萨伏伊别墅,法国,1929年

图3.60 勒·柯布西耶,萨伏伊别墅,法国,1929年

4 选择合适的技术

我们在之前讨论过的形式创造的探索中，总是可以体会到技术的身影。18 世纪著名的评论家马克-安托万·洛吉耶（Marc-Antoine Laugier）宣称，技术是建筑表现的根本动因。这一观点在 19 世纪发展起来，并在 20 世纪成为现代主义的核心根基。但这一观点还有着更深的渊源，原始的建造者就是在他们周围寻找可用的建筑材料，这些材料一旦组装起来，就可以为他们提供庇护所，从而获得了富有特色的形式。

结构

这些材料往往是杆状、块状、膜状（兽皮）材料或可塑性黏土，它们各自发展成了常见的框架结构、板片结构和塑性结构（图 4.1~图 4.3）。

尽管这种表述显得过于简化，但是一些现代主义的经典作品已经清楚地表明，类似的一系列结构形式显然是由新兴技术所促成，也同样很自然地出现了框架结构、板片结构和塑性结构，尽管每一种结构形式都未必很纯粹。

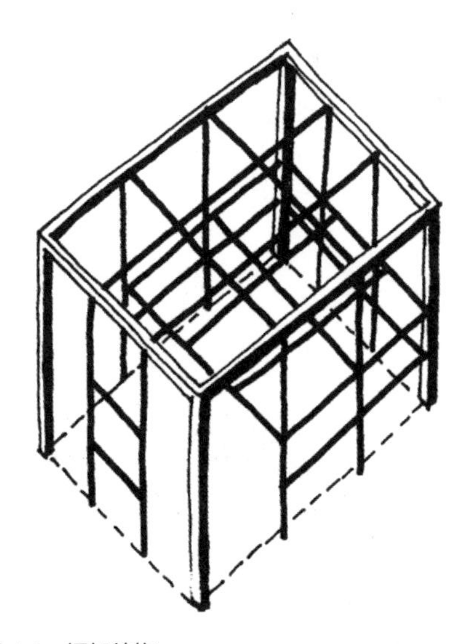

图 4.1 框架结构

1951年,密斯·凡德罗(Ludwig Mies van der Rohe)设计的位于伊利诺伊州普莱诺的范斯沃斯住宅(图4.4),仍然被视为框架结构的原型;1924年,格里特·里特维德(Gerrit Thomas Rietveld)在乌得勒支设计的施罗德住宅(图4.5),宣扬了板片结构的潜力;而埃里克·门德尔松(Erich Mendelsohn)在波茨坦设计的爱因斯坦天文台(Einstein Tower,图4.6),则是对塑性结构的探索。虽然这些实例表现的是对某一种结构形式的坚持,但大多数建筑则是这三种形式的结合。1931年,勒·柯布西耶在法国普瓦西的开创性设计——萨伏伊别墅(图4.7),就是一个例子。在这里,“框架”的支柱支撑着

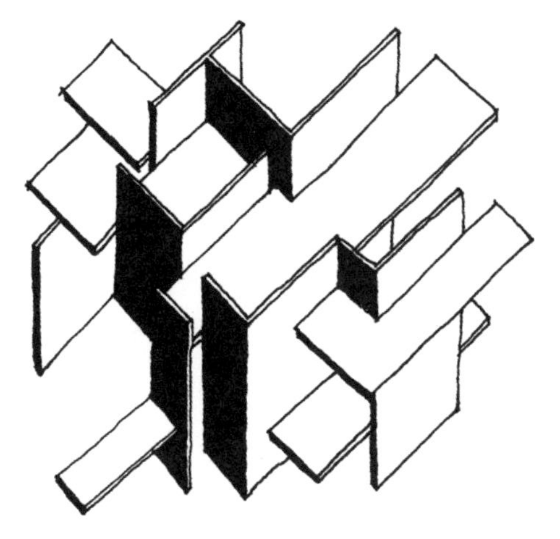

图4.2 板片结构

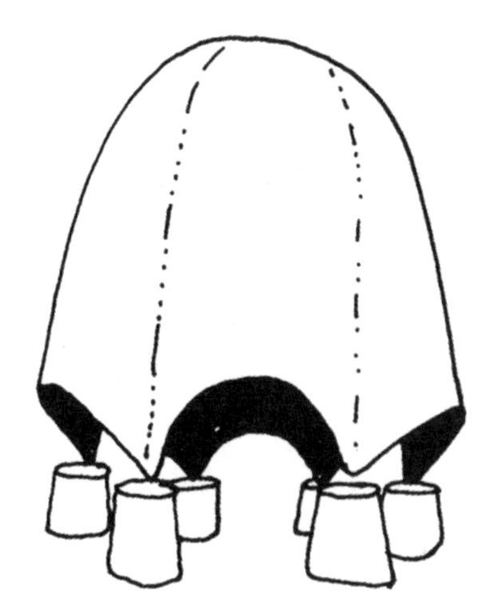

图4.3 塑性结构

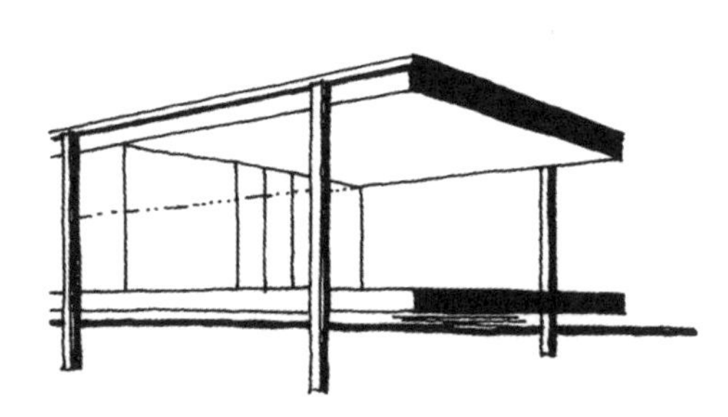

图4.4 密斯·凡德罗,范斯沃斯住宅,美国,1950年

图4.5 格里特·里特维德,施罗德住宅,荷兰,1924年

主要楼层的长方体“板片”要素，其上的日光浴室展现的则是“塑性”的形式。

但这种为建立现代主义形式语言而进行的新建筑技术探索却暴露出了深刻的矛盾。范斯沃斯住宅中使用的光滑的钢框架实际上是通过焊接及耗费大量人工的打磨来实现的，其本质上还是手工技术；施罗德住宅中壮观的悬挑屋顶和楼板是由砖石、钢和木材混合完成。这些矛盾表明，形式和结构之间的紧密结合此时在设计流程中并不重要。同样，爱因斯坦天文台对塑性的追求是靠以手工为基础的实用性抹灰技术实现的，甚至连萨伏伊别墅如机器般光滑的表面也是在意大利抹灰工熟练技术的帮助下实现的。

我们已经讨论过技术的发明和发展对建筑类型和形式创造的深刻影响。的确，正统的现代主义者佩夫斯纳（Pevsner）已经认定：“建筑的现代主义运动，为了充分表现20世纪的特点，必须拥有……对科学和技术的信仰。”

图4.6 埃里希·门德尔松，爱因斯坦天文台，德国，1921年

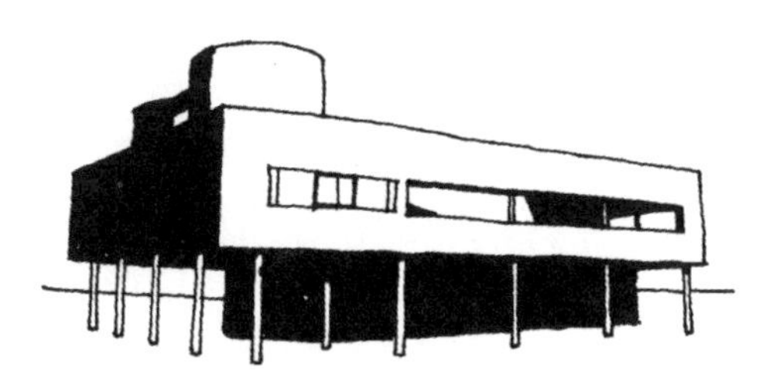

图4.7 勒·柯布西耶，萨伏伊别墅，法国，1931年

设备

因此，建筑师不仅要把握新结构技术的造型潜力，还要把握机械设备的造型潜力。

这种追求在1977年的巴黎乔治·蓬皮杜中心（图4.8）和1986年的伦敦劳埃德大厦（图4.9）达到了顶峰，它们均由理查德·罗杰斯（Richard Rogers）设计完成。在这两个建筑里，为了在其中心留下可以灵活使用的空间，依照惯例放在建筑物中心的设备系统被转移到了建筑的外围。此外，这些设备还被赋予了清晰的外在表达,垂直电梯、自动扶梯和通风管道塑造了所谓"高技派"建筑的戏剧化形象。

图4.8 理查德·罗杰斯,乔治·蓬皮杜中心,法国,1977年

图4.9 理查德·罗杰斯,伦敦劳埃德大厦,英国,1986年

实际上,对设备的关注并不仅限于这些建筑。19世纪的进步建筑师也同样注重在建筑中融入新兴技术带来的优势,只不过他们并不觉得有必要在内部或外部表达这种创新。而只有那些对技术进行表达的建筑师——尽管只是实验性的——才获得了现代主义先驱者的美誉(图4.10)。

与19世纪类似,秉持后现代主义思想的建筑师也不觉得有必要给创新的结构或设备赋予建筑上的表达,他们的初衷并不在此(图4.11)。对构成建筑要素的诚实表达锻炼了整个20世纪的建筑师,因此,现代主义者坚信这是事关道德的问题,虽然他们这一立场被

图4.10 迪恩与伍德沃德,牛津大学自然历史博物馆,英国,1861年

后现代同行欣然抛弃了。

怎样把建筑立起来?

这种诚实的建筑理念在结构表达中最为普遍。我们已经看到,建筑师如何力求通过直接的形式表达来展现建筑物内的流线或功能体量的组织,设计者们也会利用结构作为其形式设计探索的主要出发点。

结构的表达

这种结构表达追求的逻辑是结构、形式与空间的密切对应,三者之间相互依存的关系一直是现代主义者的核心追求。这也是他们广泛参考 19 世纪标志性建筑的原因。如孔塔明(Contamin)杜特尔特(Dutert)为 1889 年巴黎世界博览会设计的机械馆(图 4.12),或弗雷西内(Freyssinet)1916 年在法国奥利设计的飞艇机库(图 4.13)。

这类建筑本身就需要这种直接的或单一的设计方案,比如展览建筑,形式、空间和结构的一体化看起来更容易实现。

弗雷·奥托(Frei Otto)的帐篷结构(图 4.14)和巴克敏斯特·富勒(Buckminster Fuller)的网格穹顶建筑(图 4.15)也都是如此。

结构方式的选择不仅决定了外在形式的特点,而且直接决定了其围合空间的类型。此外,这两个实例的外部覆

图 4.11 摩尔、格罗弗与哈珀,萨米斯教堂(北立面图),美国,1981 年

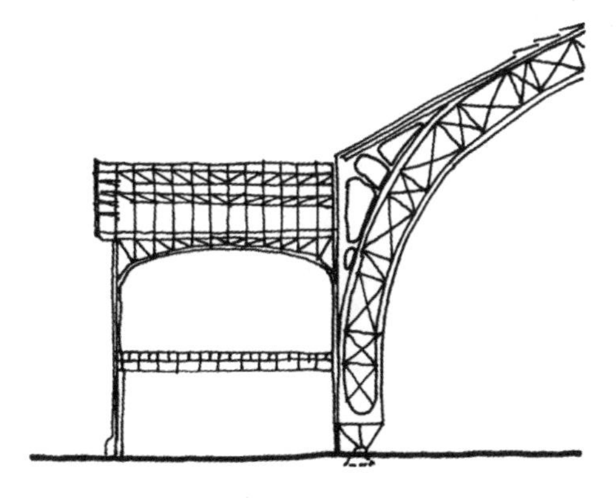

图 4.12 孔塔明和杜特尔特,巴黎世界博览会机械馆,法国,1889 年

膜都能与结构紧密结合,同时透明或半透明的覆膜也为内部带来了自然光线。

但是,这种精美的结构和令人赞叹的技术,虽然适合于以巨大、完整、灵活的单一空间为基本需求的展览建筑,但却很难适应更复杂的建筑项目。在这种情况下,设计者会重新使用“类型”的概念。

虽然现代结构工程技术似乎给建筑师提供了多种选择,但建构类型(就像平面类型一样)的可选范围却是有限的。例如,到底是采用最有效的传统承重砖石和木材类型的“专属”建构方式,还是探索先进的建筑技术,使其具有非常不同的形式?哪种建构类型最适合于当前所构思的建筑的平面类型(或建筑形式)?

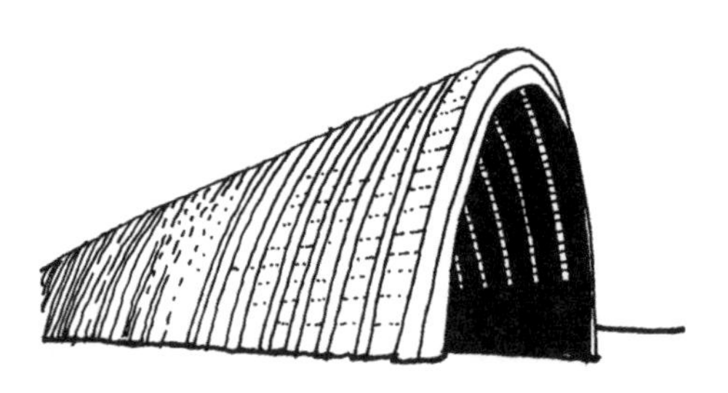

图 4.13 弗雷西内,飞艇机库,法国,1916 年

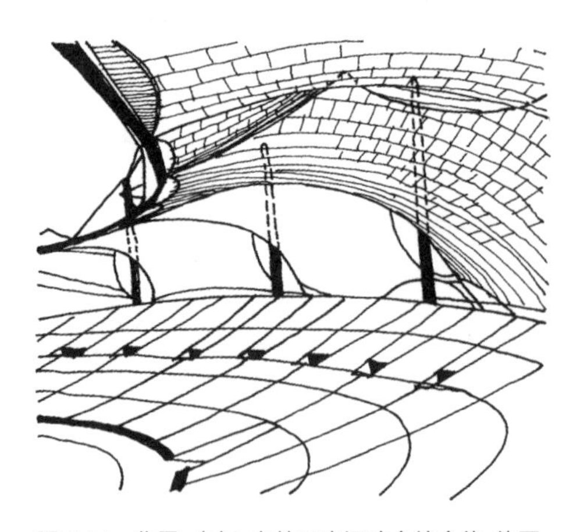

图 4.14 弗雷·奥托,奥林匹克运动会综合体,德国,1972 年

平面与结构

在构思阶段,平面和结构是如何相互作用的更值得思考。

现代主义者很快就认识到框架结

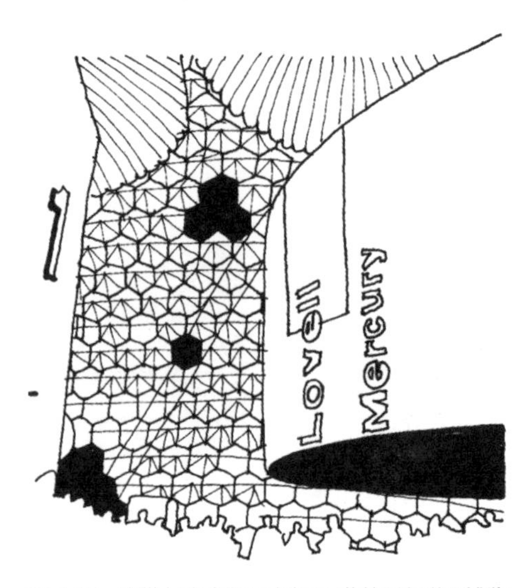

图 4.15 富勒与贞夫翔二事务所,蒙特利尔世界博览会美国馆,加拿大,1967 年

构为建筑师提供了生成新平面类型的潜在自由。实际上，勒·柯布西耶的“新建筑五点”，尤其是他的“自由”平面的概念，是建立在框架结构类型所提供的其对平面最小程度的侵占上的（图4.16）；由于摆脱了结构的干扰和承重墙的限制（图4.17），结构网格中占地最小且重复出现的柱子，看起来形成了空间限定的新语汇。此外，通过有意识地避开柱子，非承重墙可以在平面上自由地交织，而不会干扰结构系统的首要地位（图4.18）。

柱网

但是，结构框架的重复柱网也为建筑师提供了一种秩序化的工具，以此为基础可以使平面和结构产生相互作用（图4.19）。另外，这种重复的框架或“开间”系统提供了一个主要序列，便于嵌入作为子系统的次要序列（图4.20）。这种灵活可变的潜力，允许设计者在主体结构中“加”“减”空间而不

图4.16 柱与板的结构促成了“自由平面”

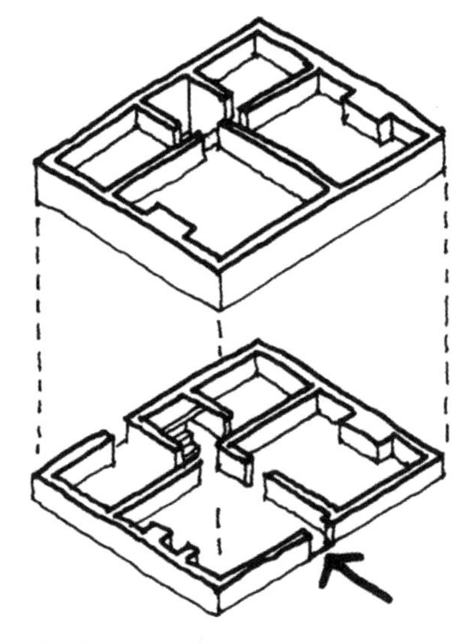

图4.17 传统住宅平面

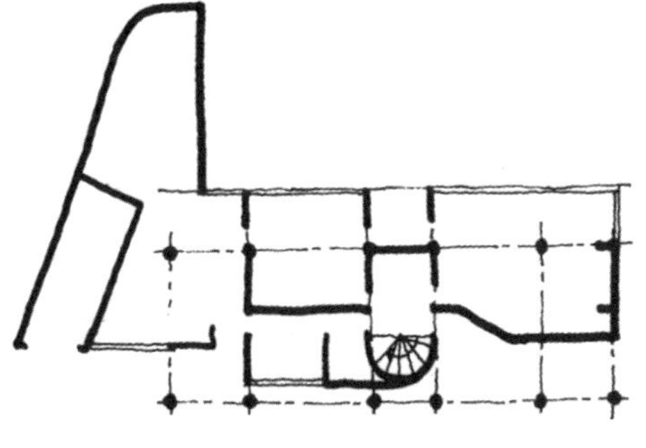

图4.18 哈丁与泰克顿，伦敦达利奇区“六柱屋”（底层平面图），英国，1934年

降低主体结构的辨识度。1934年,莱伯金在英国萨塞克斯郡的博格诺里吉斯镇(Bognor Regis)的一座住宅里使用了这一方法(图4.21);同样,在1935年位于伦敦达利奇的“六柱屋”(图4.22)中,增加或减去的空间不仅标识了出入口位置、提供了开放的平台和突出的阳台,还填充了不规则场地的边界和正交主结构网格之间的剩余空间。

板片式建筑

但现代主义者在寻求空间塑造和

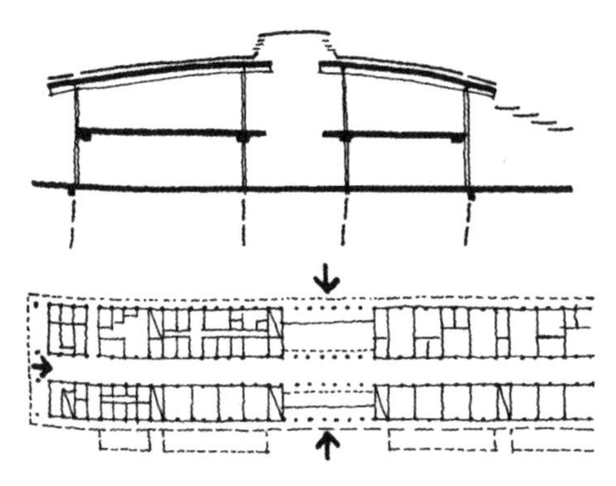

图4.19 诺曼·福斯特合作事务所,位于弗雷诺斯的学校,法国,1995年

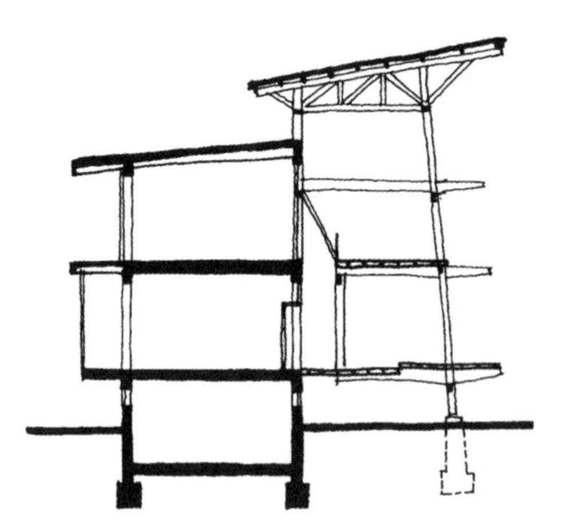

图4.20 斯泰德勒合作事务所,乌尔姆大学楼(剖面图),德国,1992年

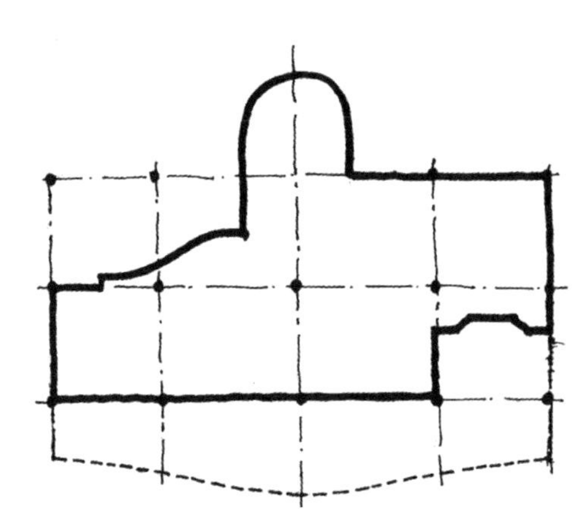

图4.21 莱伯金与特克顿,位于博格诺里吉斯的住宅(一层平面图),英国,1934年

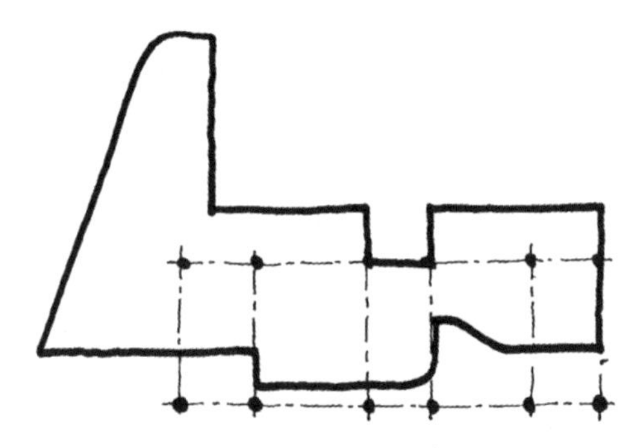

图4.22 哈丁与泰克顿,伦敦达利奇区“六柱屋”(一层平面图),英国,1934年

形式创造的新思路时，也会采用传统的结构类型，探索砖石墙作为板片要素的形式潜力，利用板片分散地限定空间，而不是像传统的格间式平面那样形成封闭的空间。另外，木材也被用于板片式建筑，创造出富有戏剧性的悬挑屋面板，虽然利用了传统的材料和建造技术但不局限于传统。尽管受到传统建造技术的限制，但建筑师依然可以通过组织墙体和屋顶的板片建立起与以往不同的秩序，从中推导出平面的形式。这与前述的重复柱网能够成为一种创造秩序的工具，和结构与平面产生的相互作用十分类似。

1924 年，密斯·凡德罗在一座砖砌乡村住宅（图 4.23）设计中，探索了相互关联的砖砌板片在解放传统平面上的潜力，比风格派对空间围合的处理（图 4.24）更为激进，其起源可以追溯到弗兰克·劳埃德·赖特（Frank Lloyd Wright）的“草原住宅”。当时，随着大量收录赖特作品的《美国住宅：瓦斯穆特的图纸》（*Wasmuth*）丛书的出版，这些作品在第一次世界大战之前及战争期间的低地国家（荷兰、比利时、卢森堡）中获得了大量的追随者（由于荷兰在一战中仍然保持中立，因此没有受到周边战争的影响而继续发展自己的艺术运动）。赖特将这些探索进一步发展为在 20 世纪三四十年代著名的“美国风”住宅。他把合理化的木材技术与砖石结构的中心部分相结合，实现了形式创造、空间围护与建筑构造之间的完全统一（图 4.25、图 4.26）。

1955 年，詹姆斯·斯特林为国际现

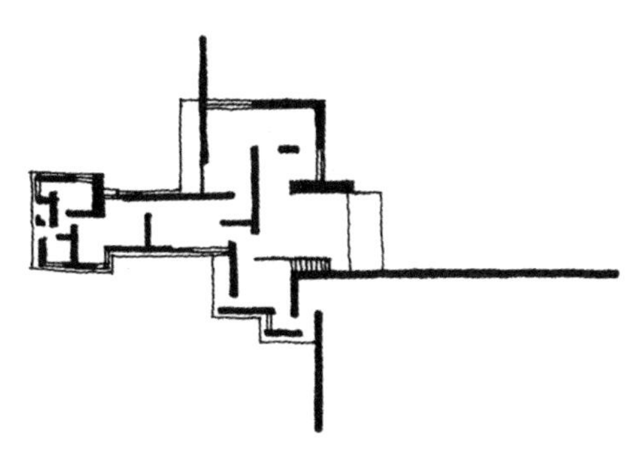

图 4.23 密斯·凡德罗，砖砌住宅（平面图），美国，1923 年

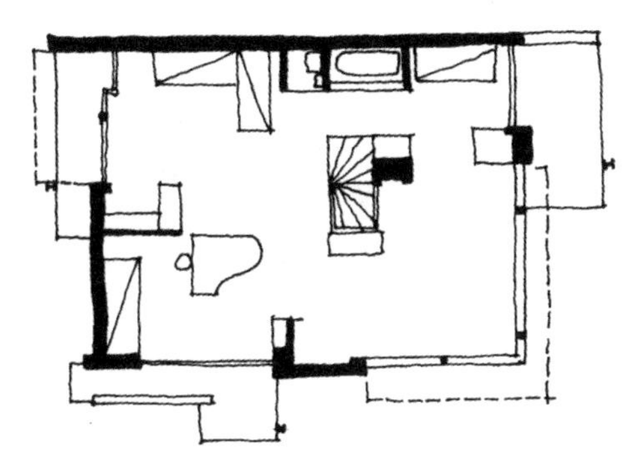

图 4.24 格里特·里特维德，施罗德住宅，荷兰，1924 年

代建筑协会(CIAM)设计的乡村住宅(图4.27)也证明了传统建筑要素通过简单的秩序就能在平面和剖面上生成一套完整的组织体系,并成为建筑最终造型的主要决定因素。同样,爱德华·库里南和彼得·阿尔丁顿(Peter Aldington)的工作也根植于这种建构传统(图4.28、图4.29),即建造技术的逻辑为"图解"和功能性平面提供主要依据。

这种以技术推进设计过程的态度,在近来英国建筑的多元化思潮中,唤醒了强有力的实用主义传统。

正如大多数建筑物都是将各种框

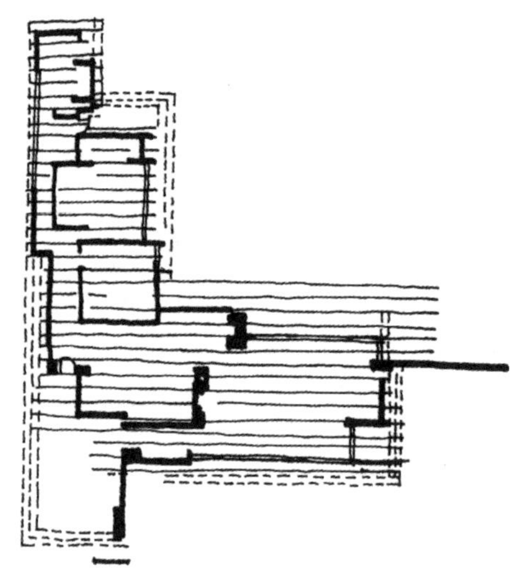

图4.25 弗兰克·劳埃德·赖特,雅各布斯住宅(平面图),美国,1937年

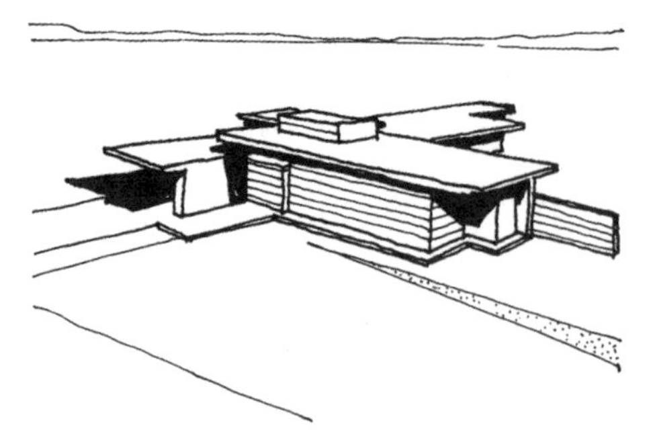

图4.26 弗兰克·劳埃德·赖特,雅各布斯住宅(透视图),美国,1937年

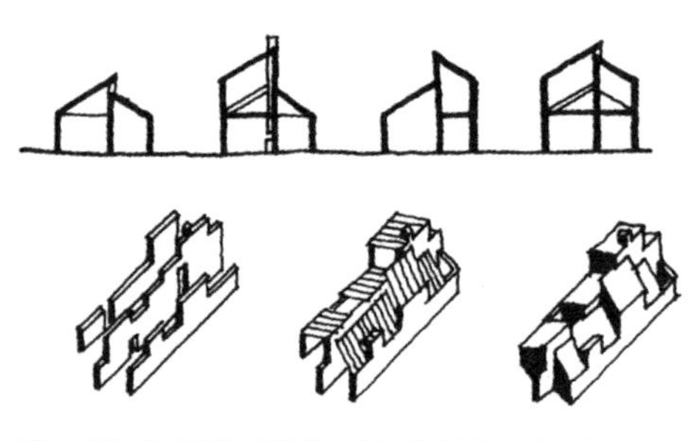

图4.27 詹姆斯·斯特林,乡村住宅项目,1955年

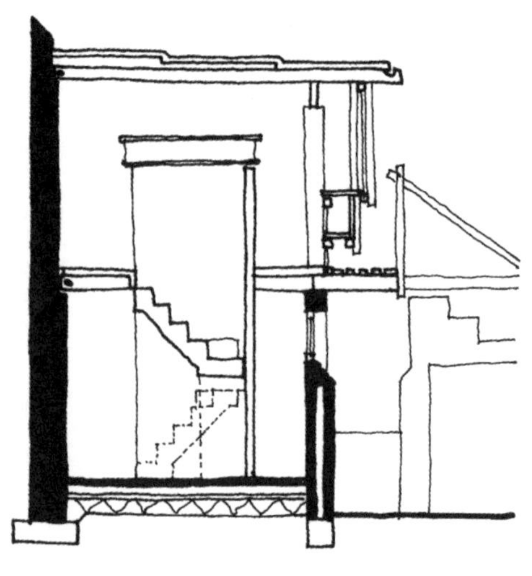

图4.28 爱德华·库里南,伦敦住宅,英国,1963年

架、板片或塑性的形式要素并置使用一样，它们也会包含截然不同的构造类型。这往往是为了满足不同的功能要求，其中的单元重复部分可以由传统的砖石承重结构提供，而其他需要保留空间完整性的部分，则采用大跨度技术来实现。

建筑师已经抓住了这种并置所提供的形式创造的潜力（图 4.30），但是他们也提出了一个结构层级的问题，在这个层级系统中，一种结构形式将仍然保持主导地位，其下的次级系统提供第二甚至第三层次的秩序。

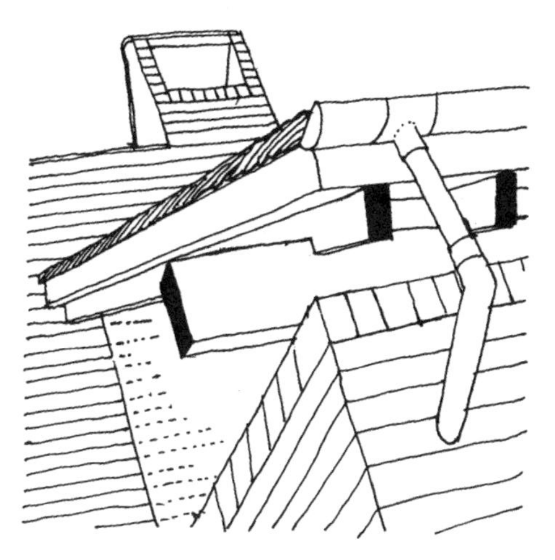

图 4.29 阿尔丁顿、克雷格、科林格，位于布莱德洛的住宅，英国，1977 年

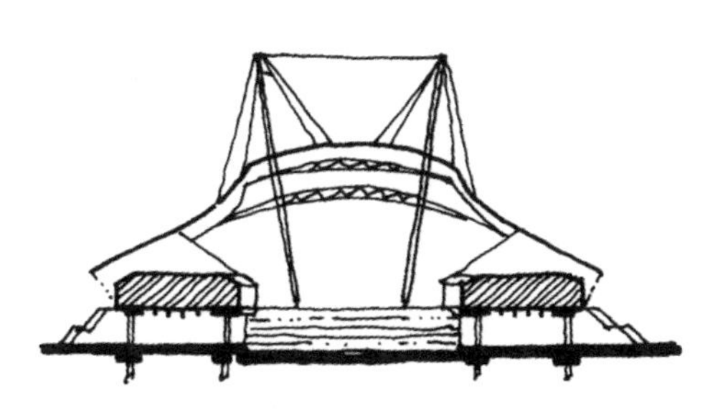

图 4.30 迈克尔·霍普金斯，诺丁汉税务局（剖面图），英国，1995 年

形式表达

在设计出一套合适的结构或结构体系后，无论是框架结构、板片结构还是塑性结构，都可以继续推进形式"图解"的发展和成熟。此时，设计者将面临如何表达整体结构、以及结构的形式表达与建筑"表皮"如何相互作用的问题。建筑表皮是否应该位于结构框架之外以隐藏结构框架，还是应该嵌入框架使其显露？抑或将框架作为一个独立的要素与建筑表皮区分（图 4.31~图 4.33）呢？

再者，如果采用砌体承重结构，建筑物的外部形式是否应该清楚地区分承重和非承重部分？

因此，在这一复杂的设计过程中，这些早期阶段建立的对结构选择及其表达的态度，必然会对形式结果产生深远的影响。

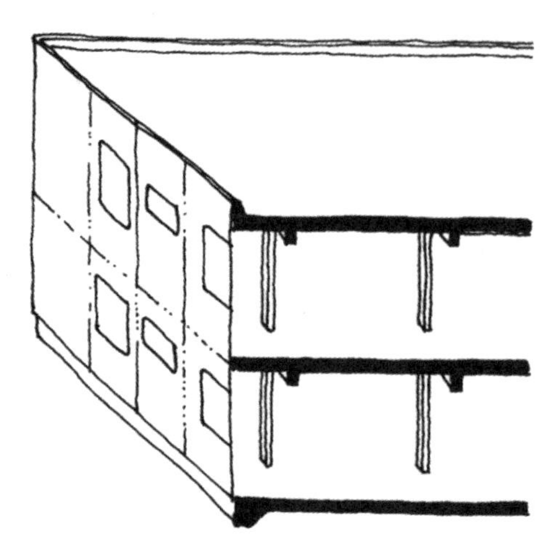
图 4.31 表皮位于结构之外

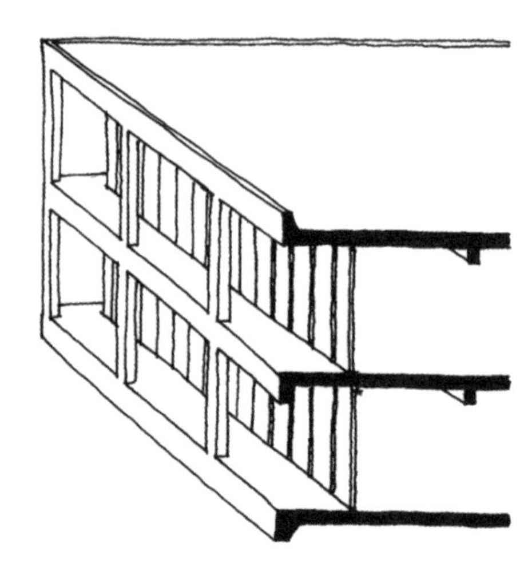
图 4.33 表皮退于结构之后

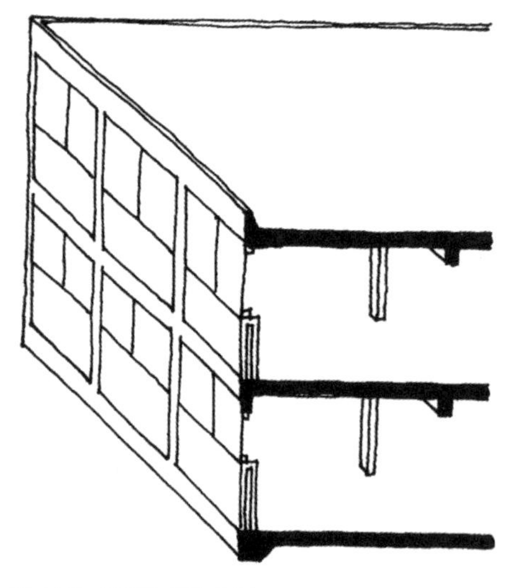
图 4.32 表皮与结构齐平

如何建造?

建构的表达

在确定了结构“骨架”之后,设计者将进一步考虑如何把这些“体块”“杆件”或“表皮”组装并连接在一起。正如我们将在下一章看到的,这个过程本身将带给设计者更多在建筑表现上的机会。

因为就像功能主义学派的建筑师们那样,他们认为“骨架”的特点应该作为表现的要素受到重视,同时他们也倾向于认为，建筑围护材料的特点，尤其是它们的组合方式，也应该有助于我们"阅读"建筑。

对于现代主义者来说，一座建筑如果在其结构、材料、装配和建造方面得到清晰地表达，那么结果必然是令人满意的。因此，现代主义的先驱者们向同时代的结构、机械、航海工程作品及其对材料和装配的直率表达中学习可取的设计方法，就毫不奇怪了（图4.34~图4.36）。但是当身处所谓后现代的多元化世界时，我们发现自己已经能够接受建筑表达的多种可能性了。在这种情况下，来自文化或建筑文脉方面的其他压力，可能超越了清晰展示结构或构造方法的知觉需求。

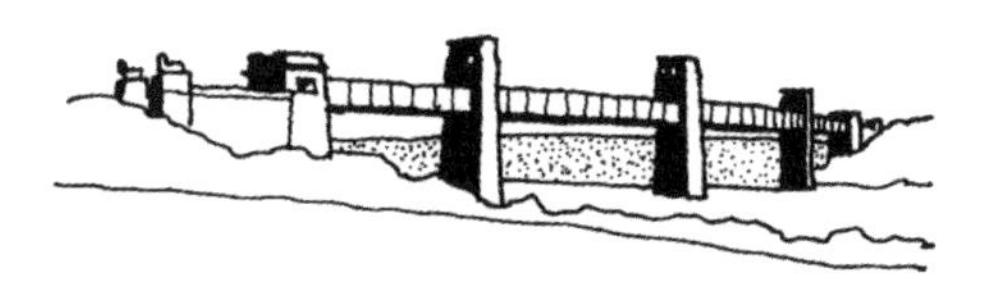

图4.34 罗伯特·斯蒂芬森，不列颠尼亚大桥，英国，1850年

图4.35 1903年的雷诺汽车

外部围护

我们对结构的关注，大部分都与建筑外部围护的设计有关，即墙壁和屋顶的设计以及如何打开它们以引入光线或出入口。随着设计的深化，对建筑"表皮"特性的决策不仅会与设计发展过程中的其他重大决策相互作用，而且还会在很大程度上决定建筑的外观。

屋顶

具体来说，屋顶是平的还是斜的？是突出墙外以保护墙面不受雨淋，还是退到女儿墙后？是在结构和视觉上与主结构脱开形成轻质的"伞"顶（图

图4.36 弗兰德号轮船

4.37),还是仅仅从防水功能角度来建造屋顶(图 4.38)?

这些关于屋顶是轻巧还是厚重(厚重屋顶具有更大的热容量)的基本问题,对建筑物的外观和性能都会产生实际的影响。

平屋顶技术已经发展起来,能够把隔热层放置在任何重型屋顶的“冷”侧,以利用厚重屋顶本身的热容量来帮助提高建筑的热性能。同时,平屋顶(包括为排放雨水而带有微小坡度的屋顶)已被视为一种连续的不透水表皮,无论是将其应用于重型屋顶还是轻质屋顶。但是对于坡屋顶,如果采用轻质、连续、不透水的表皮,而不是传统的瓦片或石板构成的厚重屋顶,那么也将对建筑的外观产生深刻的影响。

此外,对于传统的瓦片屋顶,不同的瓦片材料将决定屋顶斜度的极限,单块瓦片或石板越大,屋顶坡度就可以越小。显然,这些限制也将影响屋顶的视觉效果(图 4.39、图 4.40)。

屋顶设计的另一个重要因素是如

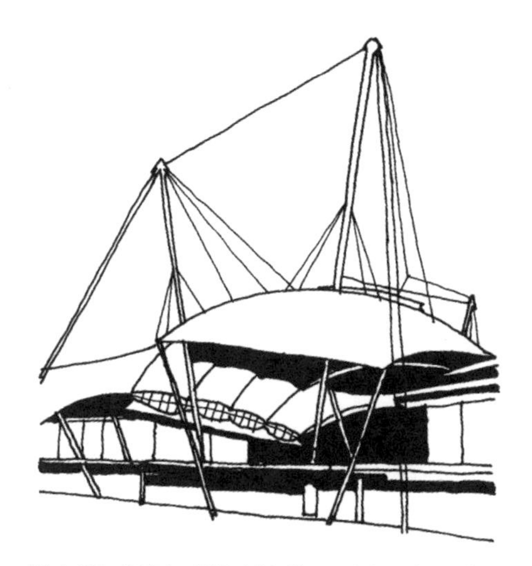

图 4.37 迈克尔·霍普金斯,诺丁汉税务局(部分),英国,1995 年

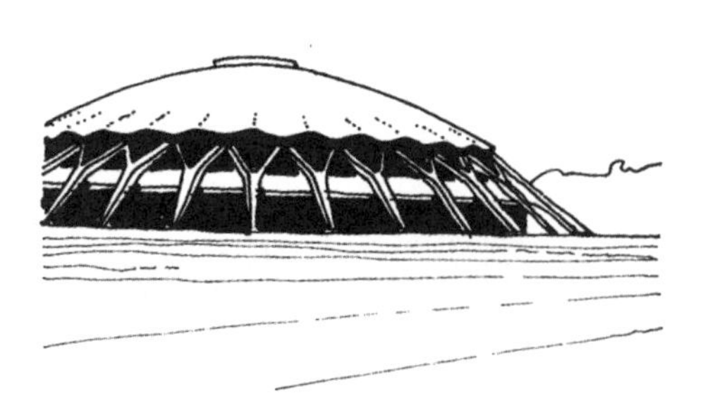

图 4.38 P.L. 奈尔维,罗马小体育宫,意大利,1957 年

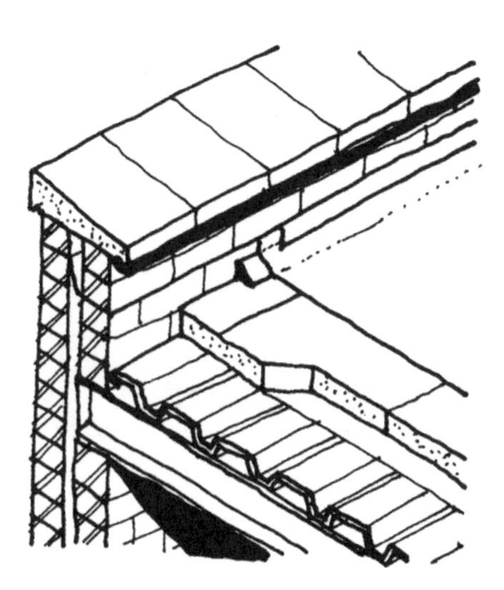

图 4.39 “甲板式”的轻型屋顶

何收集雨水。我们要认识到,雨水收集问题看似平淡无奇,实际非常重要,因为它也会对建筑的外观产生很大的影响。许多建筑师把屋顶排水的过程设计成极具表现力的装置(图 4.41、图 4.42),甚至夸张地突出屋檐,使这种表现更加强烈(图 4.42)。另一些建筑师则反其道而行之,他们选择把排水槽和落水管隐藏在建筑肌理中(当然,这会对后续维护带来影响)。在采用斜屋顶的情况下,这可能导致超出排水沟之外的那部分屋顶的雨水无法收集而直接流到地面(图 4.43)。无论是何种情况,了解关于屋顶的决策将会造成什么样的视觉效果是很重要的。

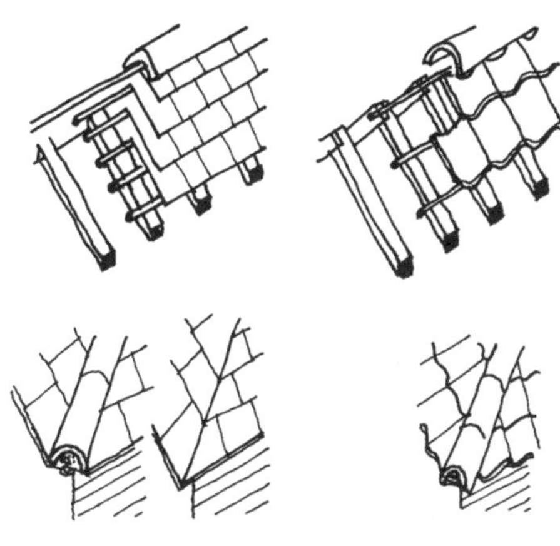

图 4.40 传统的沉重石板和波形瓦屋顶

图 4.41 勒·柯布西耶,朗香教堂,法国,1955 年

立面

和屋顶一样,墙体也是一种“环境过滤器”,事关建筑的物理性能。和前面讨论过的屋顶一样,同样需要考虑轻

图 4.42 拉尔夫·厄斯金,剑桥克莱尔学堂(雨水槽),英国,1968 年

型还是重型、透水还是不透水的问题。但对于墙体来说,这类决策可能更为复杂,因为墙体上往往比屋顶有更多的开口打断了其整体性,这些开口将用于出入、采光、观景和通风,所有这些都需要在结构策略中加以考虑。

如果采用传统的承重结构,那么墙体将会是“重”的,同时也很可能是透水的。并且,很可能通过简单地增加过梁,就能在这种厚墙上形成洞口,而过梁则暗示了这是一个直接而富有表现力的“墙体开洞”式的建筑(图4.44)。相比之下,框架式结构则在重新考虑外墙特性的前提下提供了更多的选择。

比如说,如果在框架结构中依然采用传统的厚重墙体来建造非承重外墙,把结构柱、梁和地板隐藏起来,并采用“墙体开洞”的传统表达方式,那么就会使现代主义关于结构“诚实”原则落空(不过在后现代的多元化形式出现之后,这已不再被奉为圭臬了)。

但正如框架结构解放了平面一样,它也解放了立面。建筑师现在面临着一系列可以表达“墙体”的手段,这些手段可能表达,也可能不表达主要结构。比如,一个轻质、不透水的“雨幕”可能会挑出框架之外,在出挑的过程中推动建筑的形式表达,如果需要,就在整体幕墙上开洞。

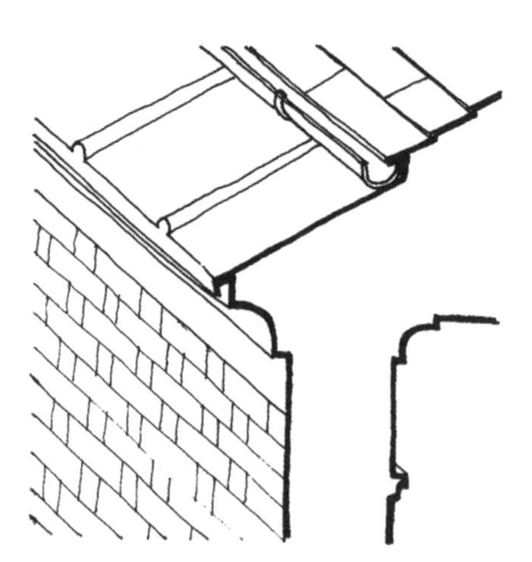

图4.43 唐纳德·麦克莫伦,诺丁汉大学社会科学楼(屋檐细部图),英国,1957年

图4.44 唐纳德·麦克莫伦,诺丁汉大学社会科学楼(窗户细部图),英国,1957年

如果换一种思路，幕墙也可以被看作是重复的面板而不是一个整体，它可以超出结构之外，但面板之间的拼缝必须与结构柱网统一；在这种情况下，允许一系列开口的面板设计决定了建筑的形式表达（图 4.45）。此外，无论是轻质围护或重型围护，它都有可能对内部结构框架进行表现。最基本的做法是，框架仍然保持外露（图 4.46），或在框架之间简单填充围护材料（图 4.47）。

我们在这里的目的不是提供一本建筑施工技术手册，而是为设计者提供一系列态度和选择。显然，表皮的性质是由构成它的材料的特性决定的，不论是重的还是轻的，透水的还是不透水的，是整体的还是包含各种不同组件的。然而，我们对构造的大多数讨论自然是围绕如何将一个构件连接到另一个构件的所有问题。其基本问题是：墙与屋顶怎样交接？墙与地板怎样交

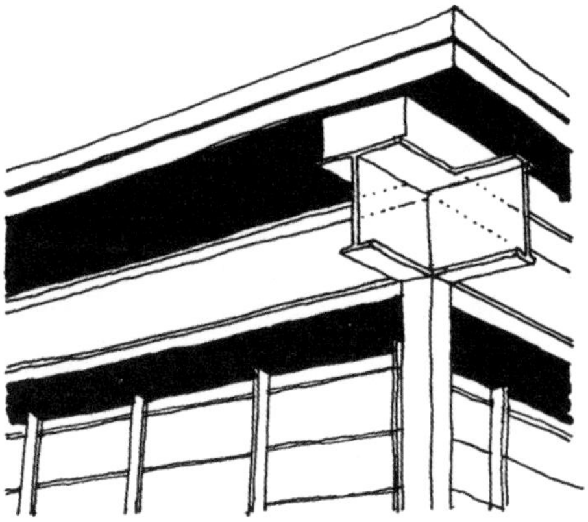

图 4.46 罗奇与丁克鲁，位于达灵顿的厂房，英国，1964 年

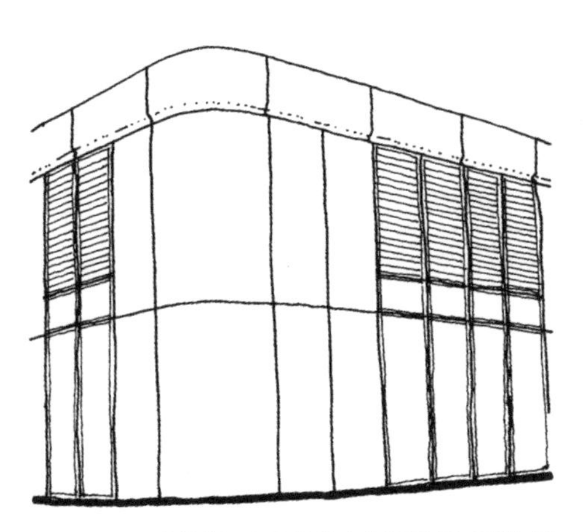

图 4.45 尼古拉斯·格里姆肖合作事务所，厂房，英国，1976 年

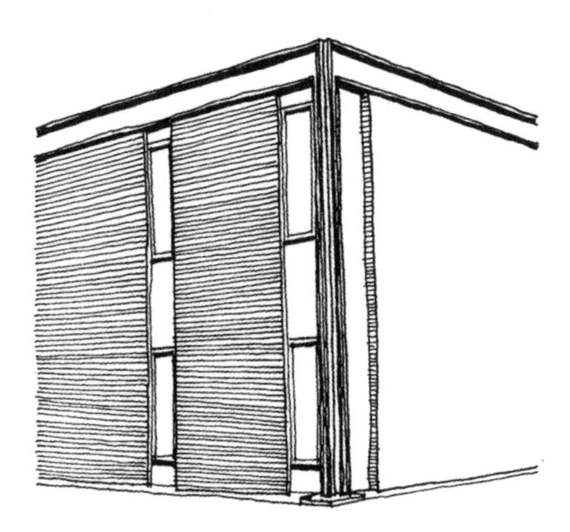

图 4.47 詹姆斯·丘比特与埃罗·沙里宁合作事务所，厂房，英国，1964 年

接?表皮与结构怎样连接?如何在建筑“表皮”中实现虚与实、透明与不透明要素之间的完美结合?

所有这些问题的结果将会对建筑的外观产生重大影响,因此也会影响我们如何“阅读”建筑。我们之前已经讨论过包含功能平面和结构表达的清晰的“图解”如何帮助我们“阅读”和理解一座建筑的组织结构。这一思路可以进一步扩展到建筑构造,这样建筑也可以在细节层次上被“阅读”,这些构成建筑的次级和再次级形式要素能够与图解所表达的主要设计决策保持一致,并加深我们对主要设计决策的理解。

因此,在这样的背景下,设计是在整个建筑内部和外部反复不断地强化主题的过程。为追求“主题”的一致性,可以把建筑外部结构中使用的材料和施工技术应用于建筑的内部。

是否舒适?

正如设计者对结构的态度以及结构将怎样被覆盖,可能会深刻地影响形式创造的过程一样,我们对环境舒适性的立场也可能会对形式结果产生强有力的影响。就像建筑师利用新结构和新建造技术解放了平面一样,人工控制的内部环境也突破了传统意义上对平面的限制。当摆脱了自然通风和自然采光的限制后,就出现了另一种选择,即可以创造大进深平面的建筑。

这里我们需要再次回顾“类型”的概念及其在设计过程中的核心地位,因为正如前面所讨论的,“类型”不仅可以告诉我们对“平面”和“结构”的态度,而且还可以帮助我们确立满足环境舒适性的各种条件。

主动与被动

因此,设计者可以选择完全采用人工手段来获得舒适性,供暖、通风、照明等要求都可以通过安装精确的机械和电子设备来满足。这种对内部环境的完全人工控制也可以算作是一种“类型”。而另一种完全相反的类型则是,设计者希望能利用建筑物本身的特性,以被动的方式来控制舒适度。

历史上正是如此,由于自然通风和采光的限制,设计者不得不采用小进深平面以便能够通过开窗获得有效的对流通风，同时采用较大的层高以尽可能增加自然采光（图 4.48）。

这类厚重的传统建筑还带来一个好处：厚重材料的较大热容量有利于建筑物保持夏季被动冷却、冬季保温的特性。但随着 20 世纪中叶向完全人工环境的转变，建筑师发现自己不再受小进深平面类型的限制，而可以自由地探索大进深平面的潜力。因此，随着这类人工控制系统的不断成熟，建筑表皮自身作为“环境过滤器”的传统做法被新的方式取代（图 4.49）。

正如 19 世纪发展起来的框架结构和大跨度结构修正了平面与结构之间的传统对应关系一样，20 世纪发展起来的机械设备也取代了传统建筑形式所固有的环境调节能力。

此外，正如在 20 世纪初，进步的建筑师们利用新的结构形式在建筑的形式表达上带来新意一样，之后一代的建筑师们也开发出了管道、风道和设备等机械服务设施的表现力。

显然，设计者所选择的“环境应对”类型，就像对“结构”和“平面”的类型考虑一样，将会对设计深化和最终结果产生深刻的影响。所有这些类型具有内在的交互性，必须同时考虑。因此，一种极端是，我们获得了一种完全依赖机械控制的采暖、降温和通风系统来获得热舒适性以及永久人工照明的

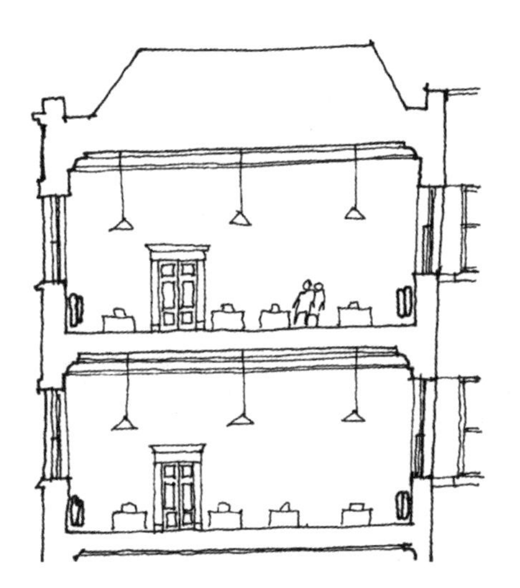

图 4.48 19 世纪的办公楼（典型剖面图）

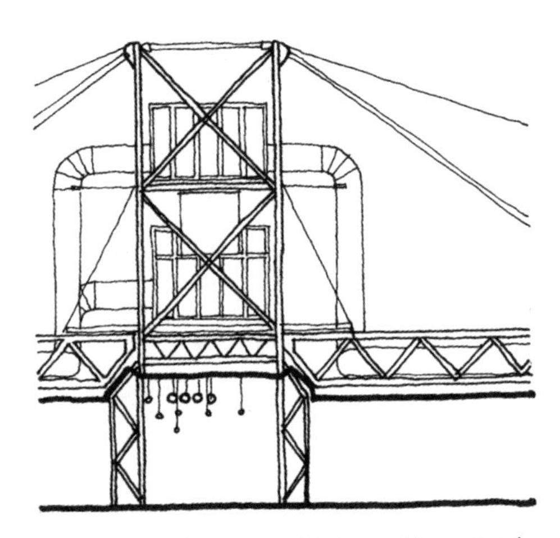

图 4.49 理查德·罗杰斯，微处理器厂，英国，1982 年

建筑类型;而另一种极端则是,利用纯粹的被动措施达到可接受的舒适度,不仅利用建筑表皮实现自然通风和采光,而且潜在地利用建筑作为太阳能和风能的收集器;在极端情况下,这类建筑的能量产出甚至能够大于其消耗。

然而,大多数环境应对类型都介于这两种极端之间,就像机械通风最初作为一种新兴的技术,用来辅助传统的被动式技术一样,大多数类型都是以混合系统的形式出现。

由于 20 世纪 70 年代发生的"能源危机",借助高能耗机械手段来人工控制环境的观念迎来了根本性的转变。建筑师们重新审视和诠释了传统的被动式环境控制方法的优势,它可以不依赖于无节制的能量消耗。这种态度上的根本转变适用于一系列的建筑类型,为 20 世纪的后半期提出了新的准则。如前所述,这样的观念变化深深地影响了已有的建造类型的形式结果,"小进深"平面被重新启用(图 4.50),封闭式"中庭"得到了发展(图 4.51),以及利用"烟囱效应"的热压通风(图 4.52)装置等都作为被动式复兴的一部分被开

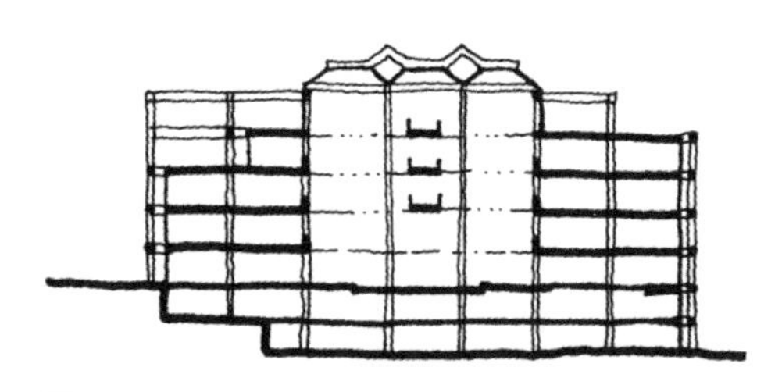

图 4.51　阿勒普事务所,办公楼,英国,1985 年

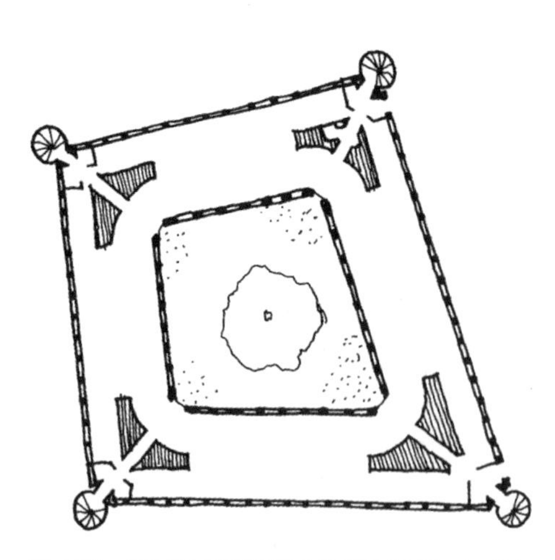

图 4.50　迈克尔·霍普金斯合作事务所,诺丁汉税务局办公楼(一层平面图),英国,1995 年

图 4.52　皮克·肖特合作事务所,酿酒厂的热烟囱,马耳他,1901 年

发出来，建筑师们也很快意识到了它们在形式创造上的潜力。

建筑形式的表现

对能耗关注的结果是，一系列建筑类型的固定样式发生了深刻的调整，如办公楼、医院、保健中心、住宅和学校。在能源危机开始前的几年（1973 年爆发的第一次石油危机，所以时间在 20 世纪 70 年代以前），埃姆斯利·摩根（E.A.Morgan）1961 年在英国柴郡沃勒西设计的圣乔治学校（St.George's School）就是一个利用太阳能的开创性实例。建筑环境控制功能的核心是“太阳能墙体”，它的高度和长度在很大程度上决定了建筑的形式和朝向。除“太阳能墙体”外，灯具和建筑物的使用者自身也为热源提供了补充，使之成为一个早期的热回收案例。

但是它的平面形式是一个直线型的教学空间、南向附带走廊、北侧布置厕所，完全服从于太阳墙的功能（图 4.53）。此外，在剖面上采用了陡峭的单坡屋顶以容纳较高的太阳墙，同时使北侧净高减小，并采用尽可能小的开窗以提高保温效果（图 4.54）。因此，整个建筑的“图解”及其形式结果从根本上与已经确立的“单元组合式”或“庭院式”的学校建筑区分开来，取而代之的是采取完全从环境控制策略出发的简单的“直线型”组织。

在 1995 年诺丁汉税务局办公楼中，迈克尔·霍普金斯展示了采暖、冷却和照明系统如何成为生成平面形式

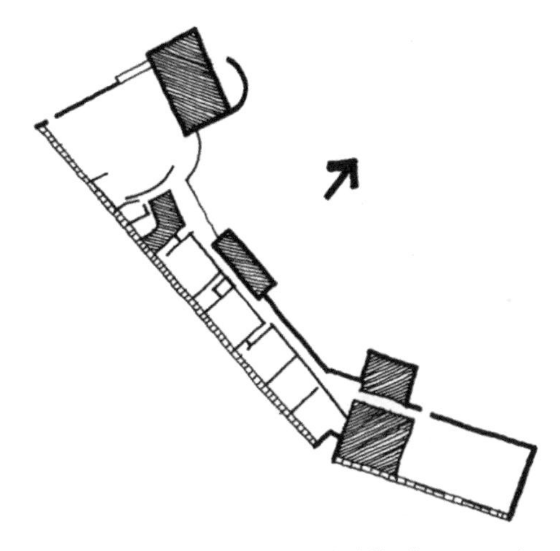

图 4.53 埃姆斯利·摩根，圣乔治学校，英国，1961 年

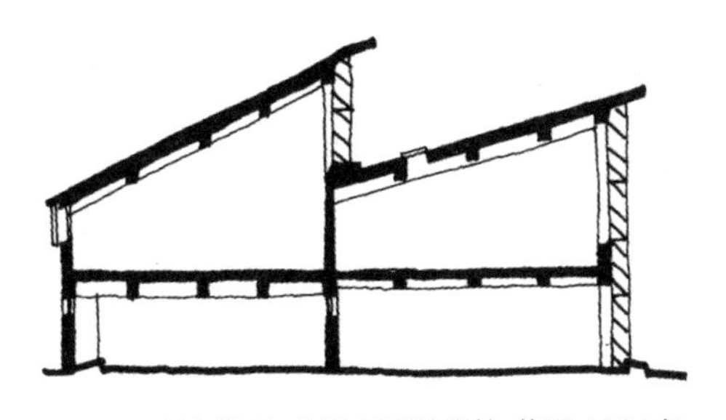

图 4.54 埃姆斯利·摩根，圣乔治学校，英国，1961 年

的主要因素，这种平面形式与盛行的大进深平面理念大相径庭。结果，这种策略直接产生了一种多层建筑的庭院类型开始盛行起来，并提出了一种向内城用地扩展现状城市“肌理”的合理模式。同时，在设计过程的初始阶段就决定避免使用空调，要尽可能利用环境本身的能源以及自然采光。这样做的结果是采用小进深平面，透过（打开）窗户就可以看到内部庭院或外部街道的景色。此外，厚重的砖石窗间墙支撑着外露的预制混凝土楼板，作为良好的蓄热体维持着稳定的室内环境（图 4.55）。这些实体窗间墙及其支撑的筒拱形楼板，不仅帮助我们去“阅读”建筑，而且为立面提供了重复的韵律和尺度感。此外，窗户上部的轻质遮阳板能够将阳光反射到室内深处，而窗户下部的百叶帘用于阻止冬季阳光的直射，两者也强化了建筑的尺度。建筑四角布置的圆柱形楼梯筒，不仅强调了出入口，而且更重要的是利用烟囱效应把室内的污浊空气向外排出（图 4.56）。这一切的结果是，平面类型、结构类型、环境应对类

图 4.55　迈克尔·霍普金斯合作事务所，诺丁汉税务局办公楼，英国，1995 年

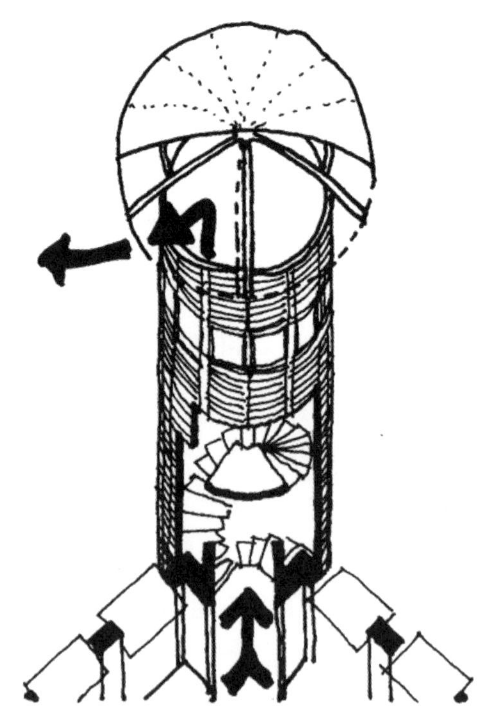

图 4.56　迈克尔·霍普金斯合作事务所，诺丁汉税务局办公楼的热烟囱，英国，1995 年

型、外观形式和建筑细部都达到了令人满意的和谐。

是否绿色?

到目前为止,我们已经明确了结构、构造和环境绩效的具体技术策略如何影响我们建筑设计的形式结果,但更广泛的可持续性问题又对建筑形式有着怎样的潜在影响呢?

创造可持续环境的理念在20世纪最后的四分之一时间里积聚起相当可观的气势。因此,在21世纪从事实践的建筑师们都将可持续性视为他们专业技能的核心基础和对那些已经积累起来的传统技术的必要补充。

但是可持续对我们来说到底意味着什么?在最广泛的意义上,一个可持续的环境对它的使用者来说应当是健康有益的;在它的全部生命周期内应当是经济可行的,同时能够适应社会不断变化的需求。

许多历史上的建筑确实满足了这些标准,可以被认为是可持续的,可是也有许多建筑(尤其是20世纪以来的建筑)却没有做到。相反,它们早早就被废弃,很多时候甚至被拆毁。

但是对建筑师来说,可持续性的内容在很大程度上是围绕着化石燃料消耗的最小化,以及减少温室气体排放(二氧化碳是温室气体的主要组成部分)展开的,温室气体排放导致了全球变暖。曾经的大进深平面、机械空调、高标准的永久性人工照明以及经常使用高能耗(embodied energy)材料的建筑(图4.57),已被使用自然采光和自然通风的建筑取代,同时使用太阳能或风能等替代能源(图4.58)。这表明了

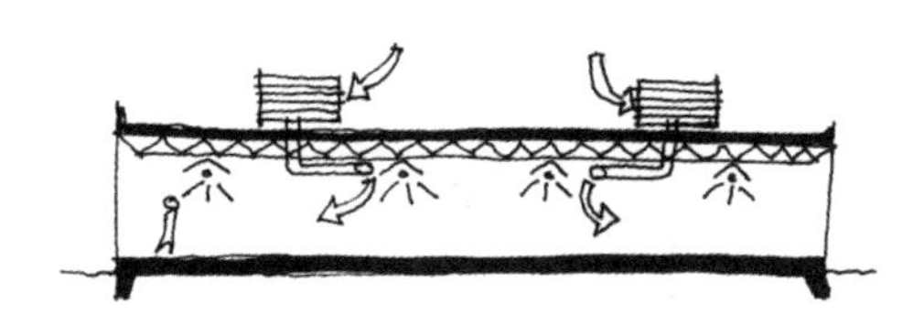

图4.57 大进深平面典型做法

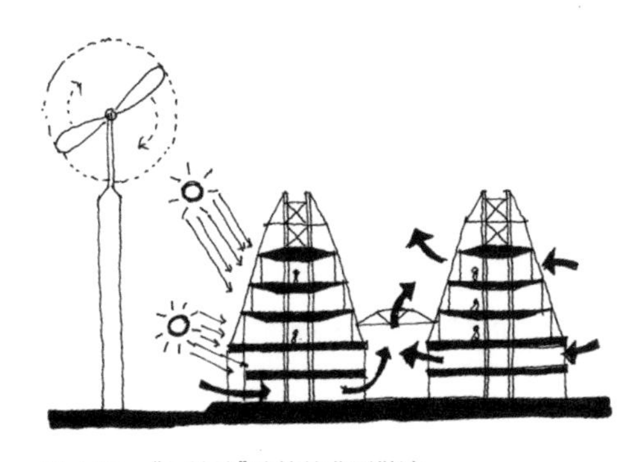

图4.58 “可持续”建筑的典型做法

一种设计逻辑——气候和场地可以从根本上影响基本的设计决策。这样的建筑可以节约能源,并采用可重复使用、从生产到运输对环境影响最小的材料进行建造。

在追求可持续建筑的过程中,需要进一步提出一系列"次级"设计原则,补充到在别处已经讨论过的那些原则中:利用气候和自然能源,选择低能耗的可循环材料,以及节约能源。可以说,这些原则在建筑历史上早已存在了很长时间,只是最近才被重新提及以表达 21 世纪的建筑追求。而正是这些次级原则的相互作用,才保证了一种全新的"整体"建筑学的到来,它具有真正的可持续性,并为新形式的发明带来新机遇。

气候与自然能源

利用气候来改善人类的舒适度并不是什么新鲜事。

希腊人和罗马人就已充分认识到把住宅的主要房间朝南以改善热舒适性的优势。但在某些气候条件下,设计者遇到的是给空间降温以提高舒适度的问题。在这方面,我们同样可以借鉴传统。高密度的中东庭院式住宅使用遮阳和喷泉来冷却庭院的空气,再通过风塔排出空气以帮助居住房间降温(图 4.59)。窗户开口被保持在最小限度以限制阳光进入。与之相反,传统的马来西亚住宅缓和了热带气候,通过采用储热少的框架结构、外挑屋檐以及斜坡屋顶来满足遮阳,同时又能抵御季风带来的雨水。靠近屋顶的墙壁开口提供了对流通风以帮助降温(图 4.60)。

图 4.59　中东的庭院式住宅

图 4.60　马来西亚的传统干栏式住宅

但是，当代设计者如何利用气候作为可再生能源来采暖、照明和冷却建筑以改善舒适性呢？大多数技术都涉及主动或被动地利用太阳能或风能。

● 被动式太阳能

由于被动式太阳能回收系统易于获得，并且经过 20 年的发展已经达到了相当成熟的水平，所以是最普遍的技术能源之一。被动式太阳能设计取决于以下基础条件：（1）建筑主立面朝向由东南至西南；（2）场地的朝向和坡度；（3）避免基地内的障碍物遮挡阳光；（4）避免基地外的障碍物遮挡阳光。被动式系统的种类包括简单的直接获得（太阳能）、间接获得或两者的混合。

直接获得，顾名思义，就是建筑的大部分开窗朝向东南至西南（对北半球而言）使太阳光线直接进入建筑。理想情况下，这些开窗应该与主空间相关，而纯服务空间布置在北立面一侧。具有高储热性能的楼板如果受到太阳光的直接照射，便可成为调节内部温度的“蓄热体”；如果是居住建筑，温暖的地板在夜晚将释放其储存的热量，而此时正是空间使用的高峰时段。窗户的细部设计（最好是三层的低辐射玻璃）可以通过增加内置隔热百叶来辅助夜间热量的保持；也可以通过增加外部遮阳设施（百叶帘或百叶窗）来避免夏季白天过热的问题，或者简单地延伸屋顶挑檐即可。对居住场景中现有的直接式太阳能系统的分析表明，居住建筑的进深应控制在 12 米以内，光照面积不应超过房间地板面积的 35%。在英国，屋顶坡度在 30°～40° 之间、墙体坡度在 60°～70° 之间能够达到接收太阳能最理想的效果（图 4.61）。

图 4.61　直接采暖

间接获得,是指在阳光和使用空间之间加上一层高储热界面,把太阳能间接转移到空间内部。集热墙是最常见的"间接式"装置,它采用300毫米厚的储热墙,放置在玻璃外侧和使用空间之间,储热墙的面积应不超过其加热目标面积的20%。跟直接式系统中的楼板缓慢释放其储存的热量一样,集热墙的厚度决定了它可以向室内传递和储存热量的多少。玻璃外侧不仅可以防雨,而且也能够通过"温室"效应来帮助热量的保持。在集热墙底部和上部开通气孔能够提高集热效率,通气孔把玻璃空腔与使用空间连通,通过空气对流把房间内的空气加热并循环流动起来(图4.62)。

常见的温室或"阳光房"都包括直接和间接从阳光储热,之后能够经济地使得热量灵活地扩展到使用空间深处。

保温隔热措施在冬季可以减少相邻房间的热量损失,而在夏季控制热量的增加。墙上的通风孔将允许温室和其相邻空间之间产生适度的空气流动(图4.63)。

图4.62 集热墙

图4.63 附属的"阳光房"

● 主动式太阳能

有两种类型的主动式太阳能：直接利用太阳辐射热的（如平板集热器）和把太阳能转化为另一种能源的（如光伏电池）。这两种太阳能收集器都要求以最适宜的角度（30°~40°）安装在朝南的屋顶上。

平板集热器，本质上是在吸热板后面装上储水的加热器，把太阳辐射的热量传递给另一种介质（水）。在英国，它通常用于家庭热水系统，用装在屋顶的集热器加热屋顶的储水罐（图4.64）。

而光伏电池，是把太阳能转化为电能，然后用于建筑内部空间的采暖、制冷、机械通风或照明。它内含两层半导电材料，当暴露在阳光下时，就会产生电力。它们通常与屋顶或墙壁的表皮系统相结合，在某些情况下还能充当遮阳的装置。

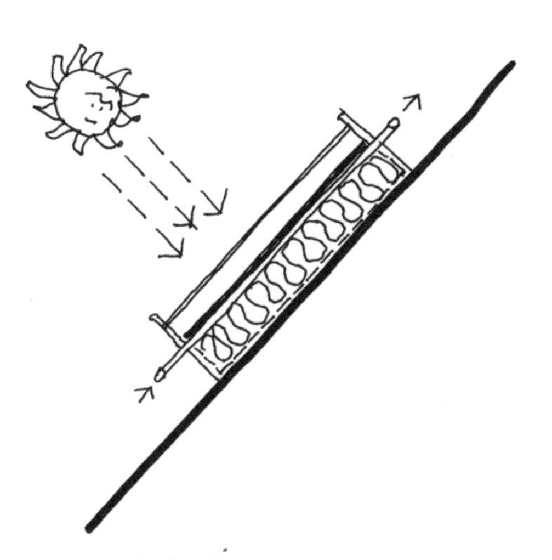
图 4.64 平板集热器

材料的隐含能量与循环利用

在建筑物中材料的“隐含”能量是复杂的，它既与建筑物首次使用后如何回收这些材料有关，也与制造和运输到现场所消耗的能量有关。此外，与建筑使用寿命期间所消耗的能量相比，隐含能量只占很小的比例（大约10%）。英国工艺美术运动时期的建筑师欧内斯特·吉姆森（Ernest Gimson，图4.65）和爱德华·普赖尔（Edward Prior），他们总是选择离基地尽可能近的地区出产的建筑材料。

这既明确了他们的核心理念，也满足了对建筑实用性的重视，但在那时还没有出现广泛使用从全球范围内采购轻质建筑材料的情况。因此，基于可持续的考虑，像用于制造混凝土的砖石和骨料这类重型材料，应该选择在当地采购;而对于大多数轻质材料,运输到现场所消耗的能源远不及制造过程中消耗的能源,那么是否在当地采购就变得不是很重要了。

材料的回收利用有两种类型。一种是把旧建筑中回收的材料或构件重新运用在新建筑中。而另一种是利用废旧材料来生产新构件,但这种类型的材料隐含能量要比前者大得多。

从更宏观的视角来看,有些建筑具有无限再利用的可能,而另一些建筑,由于材料的组合和构造方式本身不具备灵活性,在“第一次使用寿命”到期后不得不面临被拆除的命运。

图4.65 欧内斯特·吉姆森,斯通韦尔农舍,英国,19世纪末

节能

虽然保温和气密性能优异的建筑物可以节省能源,但是在决策阶段就作出明智的设计决定对实现这一目标才是至关重要的。例如,朝北开窗应尽量减少,甚至更极致的做法是完全避免此类开窗。这个简单的例子说明了可持续手法之间的关联性,因为如果忽略隐含能量或主要气候特点,仅仅靠高标准的隔热并不会获得“绿色”建筑。

然而,高性能保温层是一种较为经济的方式,可以大幅减少建筑的能源需求,从而减少对化石燃料的消耗。建筑的热工性能很容易测量出来,可持续设计的这个可量化部分导致了“超绝缘”建筑的出现,特别是在居住领域,可以很容易地计算出300毫米厚的墙体保温和500毫米厚的屋顶保温的效能(图4.66)。

保温层应位于重型墙体、楼板和屋顶的“低温”侧,以便利用这些建筑构件的高热容,通过冬季保温和夏季被动制冷来调节内部环境。隔汽层应位于保温层的“高温”侧;建筑外部的开口和建筑构件之间的连接应保持气密性。

那么可持续性对建筑形式有什么影响呢？显然，建筑师们已经在决策和措施上都扩展了他们建筑表现的范围。

典型的气候应对的新做法，是在南立面上安装加厚玻璃并附带遮阳措施，同时北立面少开窗，并采用小进深平面，这些手法会直接影响视觉结果。此外，像中庭和热烟囱这样的设施也已经成为建筑师们标榜他们建筑的“绿色”属性的标志性构件了。

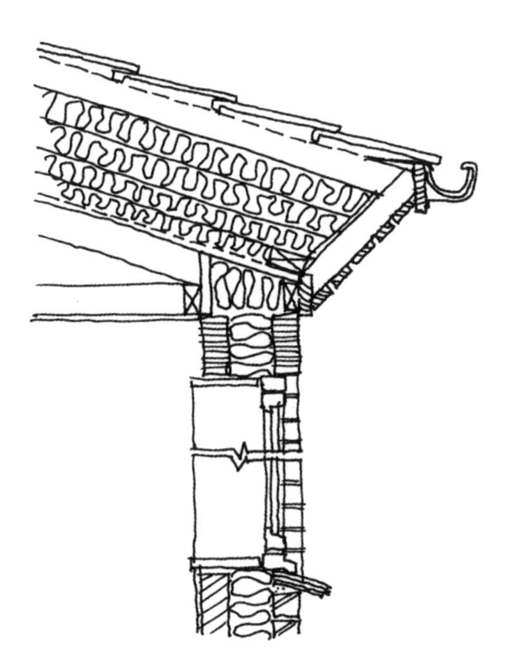

图 4.66 罗伯特与布伦达·韦尔，伍德豪斯医疗中心，英国，1996 年

一些形式上比较极端的例子，像罗伯特和布伦达·韦尔（Robert and Brenda Vale）在英国诺丁汉郡设计的霍克顿住宅（Hockerton housing，图 4.67），已经把传统模式的建筑表达纳入“绿色”建筑的目标之中。尽管采用了一系列传统材料，但他们设置了南向的阳光房，而把北立面和东立面嵌入土壤之中，并在屋顶覆盖草皮，为居住建筑确立了一种新鲜而独特的建筑表现形式。

迈克尔·霍普金斯在英国诺丁汉大学朱比利校区（图 4.68）以更大的尺度运用了全套的可持续手法。带光伏电池的中庭玻璃顶、反光格栅、遮阳百叶、热烟囱和种植屋面，都作为新的建筑表现形式中强有力的元素，全面展示出来，并且，这一案例把现代主义对建构表达的关注延续到了当代主流建筑中。

图 4.67　罗伯特和布伦达·韦尔，霍克顿被动式太阳能住宅，英国，1998 年

图 4.68　迈克尔·霍普金斯，诺丁汉大学朱比利校区（中庭图解），英国，1996 年

5 外观

纵观历史，尤其是在20世纪，建筑师们总是被极具感染力的视觉形象所吸引，并把它们重新演绎（或误用）到与最初提供形象的开创性作品大相径庭的建筑类型中，无论是功能还是尺度。比如，勒·柯布西耶的萨伏伊别墅（图5.1）的视觉形象，原本属于一个富有的巴黎中产阶级家庭在普瓦西的周末别墅，却被不断自由地运用到科学研究机构（图5.2）或教区教堂（图5.3）等各种建筑上。而且，通过强调这些形象固有的合理性，对它们的重新演绎使原创形象的生命力延长了多达40年。

我们已经提到过，关于建筑将会是什么样子，建筑师在设计过程的初期就会在脑海中形成一些构思，哪怕只是试探性的。正如我们已经看到的，建筑师在进行建筑设计时所做的大多数决策，

图5.2 莱德与耶茨，燃气协会研究所，英国，1969年

图5.3 德里克·沃克，伦敦米尔顿·凯恩斯教区教堂，英国，1974年

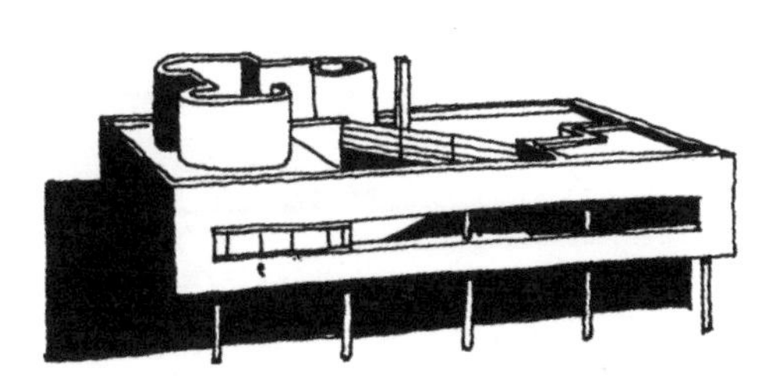

图5.1 勒·柯布西耶，萨伏伊别墅，法国，1931年

都会对作品的视觉效果产生深远的影响。

这已经在初级层面的决策上得到了证明,比方说平面、结构和环境策略方面如何得出合适的“类型”。但是,关于建筑的“表皮”还有哪些次级或再次级的决策呢?

表达与抑制

然而,无论是出于象征意义还是历史意义,甚至只是为了满足设计者的风格偏好,建筑外表皮的表达都可能凌驾于任何平面、结构和构造的考虑之上。在极端情况下,这种态度会将我们引向历史复兴主义,它用粉饰的“立面”掩盖了所有建构表达的可能性(图5.4)。这在多元世界或许算是一种有趣的表现,然而,痴迷于有限的几种风格,将不可避免地走入建筑文化的死胡同。

莱伯金说,给一座建筑“穿靴戴帽”是建筑师最困难的任务之一。在这种情况下,他效仿柯布西耶的做法(图5.5),允许建筑通过独立支柱“悬浮”在基地上,从而在建筑和基地之间提供一个过渡的空隙;在顶部,精心设计的重复性立面被冲出屋面的塑性形式所打断,以一个近似抽象雕塑的轮廓成功地完成了建筑构造。

这些手法最初由勒·柯布西耶在他的“新建筑五点”中建立起来,应用在多层建筑中是效果最好的。然而,1936

图5.4　昆兰·特里,剑桥大学唐宁学院图书馆,英国,1992年

图5.5　勒·柯布西耶,马赛公寓,法国,1952年

年莱伯金在设计自己在贝德福德郡的惠普斯奈德单层住宅(图5.6)时,居然再次诠释了柯布西耶的建筑模式,通过将楼板悬挑在下部的支撑上,使整个结构看起来好像从基地上悬浮起来。

在屋顶层,一片平面上弯曲的墙体就像一道柔软的屏幕回应着周围风景。

建筑的古典语言已经为建筑与地面之间的顺利过渡以及立面在顶部如何收尾提供了一套完整的手法。这就是底部的砌筑基座和顶部的柱楣各自承担的角色。此后建筑师们以不同的方式对这些手法进行了重新演绎(图5.7)。古典基座或平台的各种变形已经演变为连接建筑与场地的基座;而由于屋顶的角色决定了建筑的视觉形象,使之成为最耗费建筑师的视觉想象力的部分。

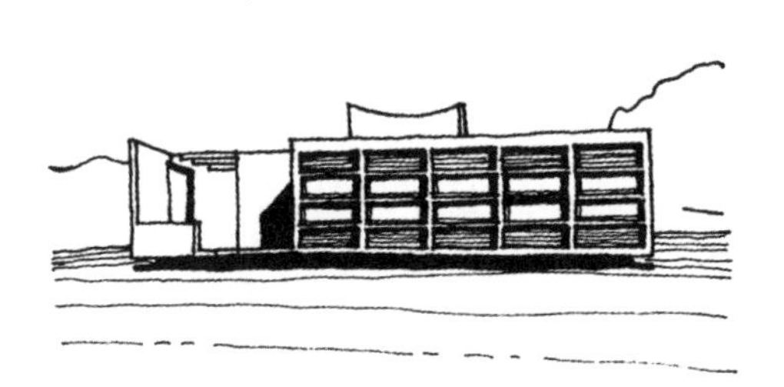

图5.6 布莱德·莱伯金,位于惠普斯奈德的住宅,英国,1936年

屋顶

第一个需要明确的问题是,屋顶是应该在视觉上承担主要角色,还是应该隐身在女儿墙后面。“女儿墙”通常是指高出屋顶并把屋顶围住的实墙。但如果采用坡屋顶,就会产生一系列可能性,不仅涉及屋顶形式(例如缓坡或陡坡、单坡或双坡),而且涉及屋面材料的特性(重型或轻质),特别是屋顶和墙壁如何形成令人满意的交接。

正如结构柱网有助于建立平面秩序一样,坡屋顶也可以通过提供一个统领性的屋盖赋予建筑的最终形式以秩序感,而使介入的所有其他形式退居其

图5.7 T·C·豪伊特,诺丁汉大学波特兰大楼,英国,1957年

次。赖特的草原住宅,其坡度平缓且出檐深远的屋顶就说明了起主导作用的屋顶是如何整合所有从属的视觉信息从而获得整体感的(图5.8)。此外,通过表达细部构造,可以在视觉上丰富屋顶的形式:外露的椽子、梁架以及它们如何与承重的墙体、柱子交接,为设计者提供了无数可供探索的视觉细节(图5.9)。包括从屋顶收集雨水的过程,也可加以刻意展示,建筑师们通过夸张的檐沟、滴水口、落水管和水闸门,从简单的实用性中挖掘出最大的视觉效果(图5.10)。

那么屋顶又怎么转折呢?是屋檐的细节在每一个转角处都同样地突出和凹进以形成屋脊和斜天沟呢(图5.11)?还是露出三角形的山墙(图5.12)?山墙上的屋檐是悬挑出来以暴露檩条和椽子(图5.13),还是与山墙齐平(图5.14),或者挡在女儿墙后面?这些屋顶转角处的变化是否能够揭示立面的层次从而引导对建筑的"阅读"?

如果平面进深很大,或者内部流线

图5.8　弗兰克·劳埃德·赖特,沃伦·希科克斯住宅,美国,1900年

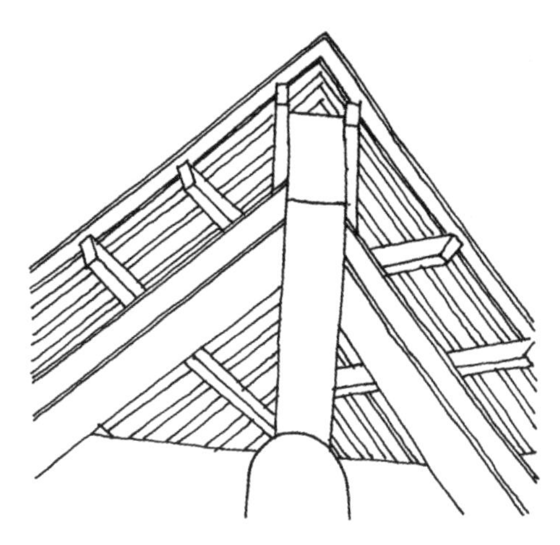

图5.9　戴维·瑟洛,剑桥欧洲中心,英国,1985年

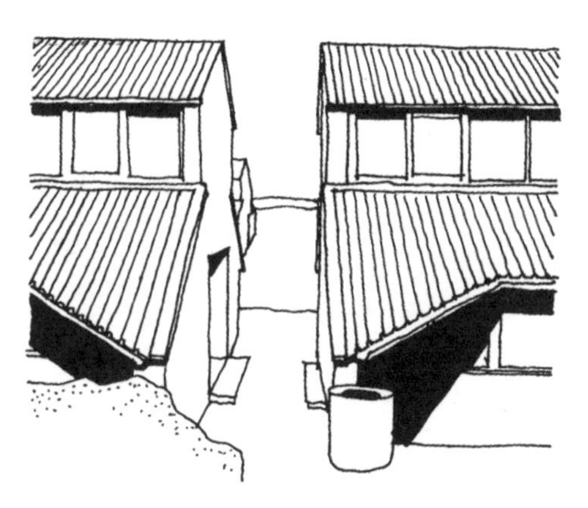

图5.10　爱德华·库里南,位于海格罗夫的住宅,英国,1972年

需要采光，则必须在屋顶以某种形式引入天光。同样，这些屋顶采光的形式将会影响内部和外部的视觉效果。为了形成足够的视觉体量使之能够作为设计策略的一部分被“阅读”出来，对天窗进行组合或者整体突出屋面，都是同样有效的方法。

可以沿屋脊设置连续的屋顶采光，只需要简单地与屋面齐平或突出屋面（图 5.15）；也可以把一侧屋面延伸到另一侧屋面之上形成“老虎窗”（图 5.16）。后一种解决方案的好处是可以提供来自天花板的反射光。

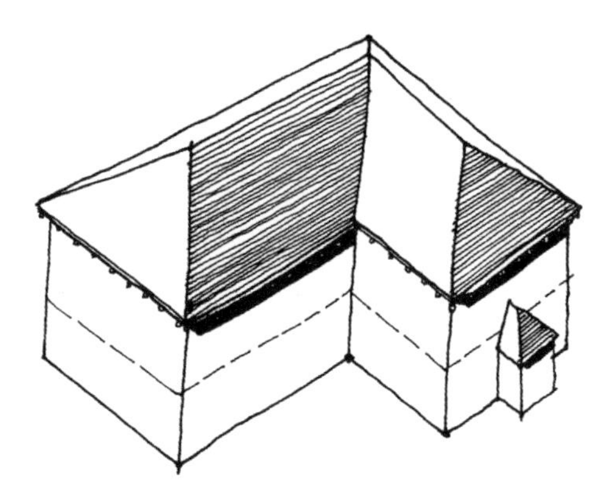

图 5.11　端部为坡屋顶

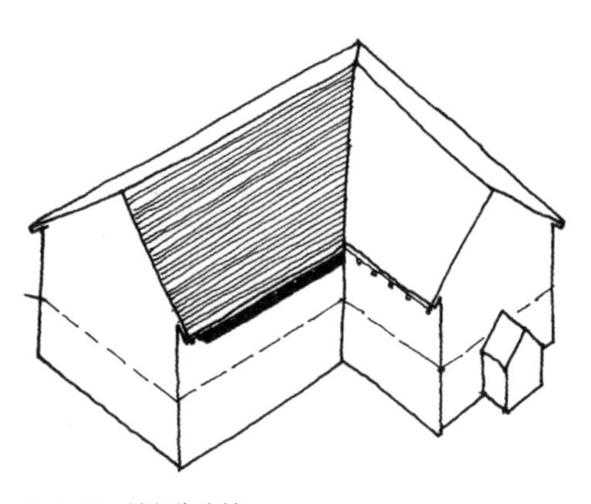

图 5.12　端部为山墙

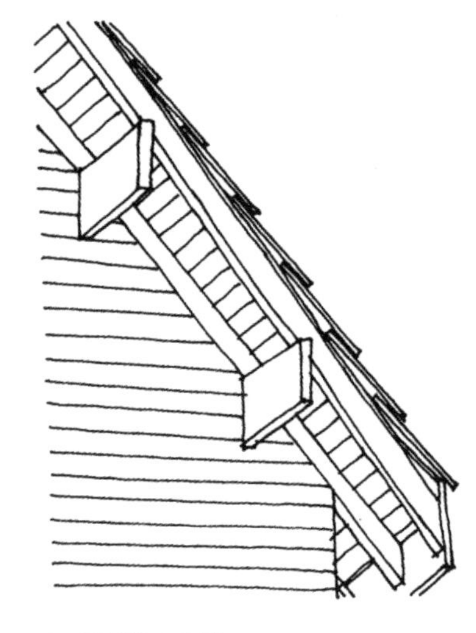

图 5.13　屋檐挑出山墙

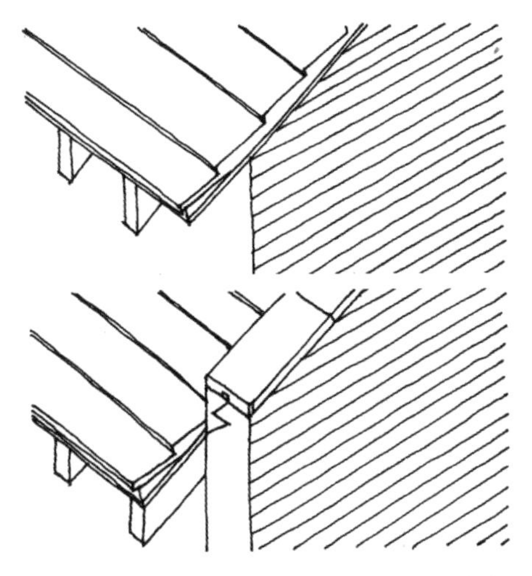

图 5.14　上图：山墙与屋檐齐平；下图：女儿墙高于屋檐

我们已经知道,墙体的选择会如何深刻地影响一个建筑的外观,无论是重型或轻质、承重或非承重的框架填充墙。但墙体还必须考虑出入、采光、景观和通风的开口,还要在美学上与屋顶、楼板和地面形成令人满意的交接。墙体也必须转折,于是阳角和阴角就成了重要的视觉元素,而不仅仅只是平面上的权宜之计。

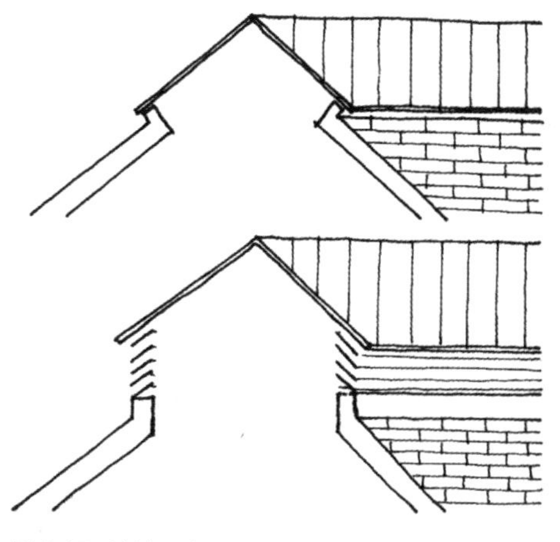

图 5.15 连续天窗

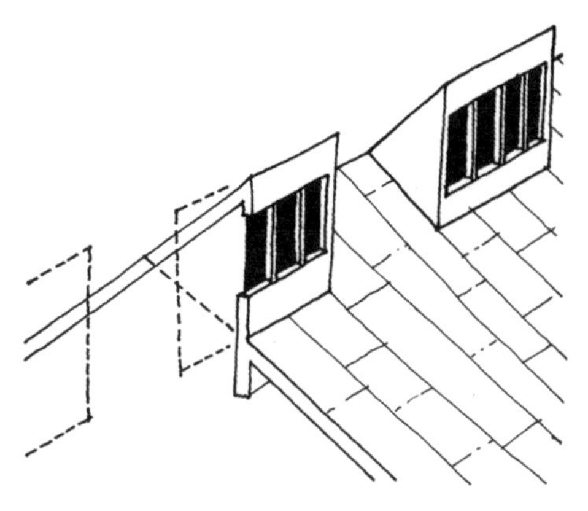

图 5.16 屋脊上的"老虎窗"

开口

在外墙上布置开口的构图,长久以来一直锤炼着设计师的想象力。建筑的古典语言为此提供了一套比例秩序系统,而勒·柯布西耶则将它重新解释为各种"控制线"和"模度"。这些都是为了确保包括立面处理在内的整个建筑的秩序与和谐。

虽然在外墙上开口时首先是基于引入光线和出入口而考虑的,但立面上的空白区域也还有其他用途。比如,入口是重要的象征性开端,因此其开口的塑造就要符合这种心理预期。

此外,在框架结构的建筑中,连续的高窗可以分隔屋顶和墙体,形成两者之间的视觉过渡(图 5.17);如果屋顶出挑,还可以把光线通过出挑的屋顶底面反射到室内。如果再在出挑屋顶的下方设置水池,这种效果还会得到增强。与此类似,与柱子相邻的竖向条窗可以突出柱子,这同样有助于对框架结构的

“阅读”(图 5.18)。

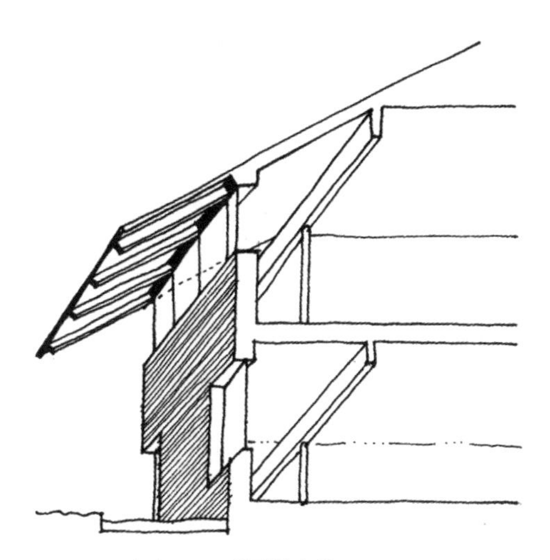

图 5.17 高窗、屋顶、墙壁的交接

图 5.18 威廉·惠特菲尔德，谢菲尔德大学地理楼，英国，1974 年

立面

事实上，正如我们已经指出的那样，对结构的整个态度，无论是加以表现或隐藏，无论结构如何与建筑表皮的开口相互作用，都可以深刻地影响建筑物的立面效果。即使是简单的砖石承重墙，也有多种方式可以形成窗户开口，这些方式主要由窗与墙的相对关系决定。既可以让玻璃与外墙外齐平，使立面看起来像一个紧绷的平面，这样室内就会有宽绰的窗边框和窗台，用于反射光线从而有助于减少眩光。也可以相反，使玻璃与外墙内齐平，这样就会在外立面上形成凹入的外边框，这将给建筑的外观带来前者中所没有的坚固感(图 5.19)。

如果需要进一步深化立面设计，设计师还可能希望通过表达窗台、过梁、反光格栅和外部遮阳，以进一步清晰地表达立面和强化视觉效果(图 5.20)。此外，开口的设计可以通过差异性设计揭示它们所属空间的等级，再次帮助我们“阅读”建筑。

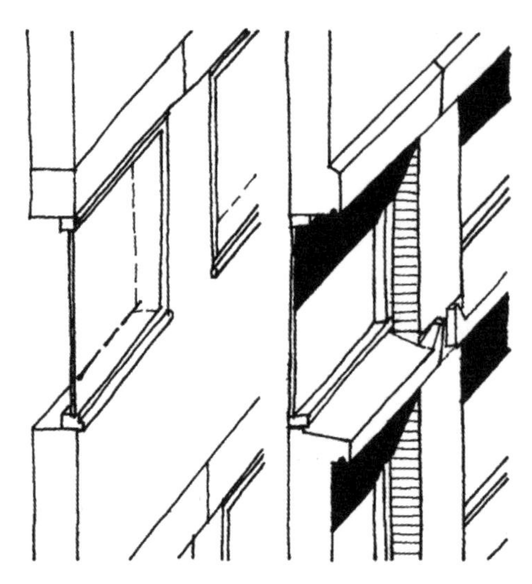

图 5.19 左图:外窗外平墙;右图:外窗内平墙

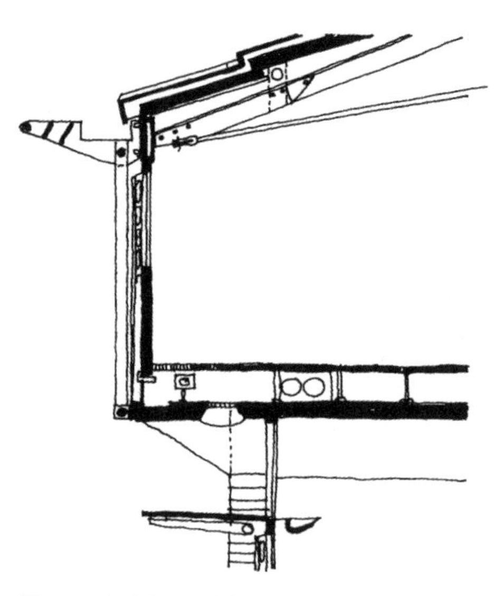

图 5.20 迈克尔·霍普金斯合作事务所,诺丁汉税务局办公楼,英国,1995 年

墙面

框架结构的外墙除了抵抗风荷载外没有任何结构功能,把一系列平板分出不同的"层次"以形成墙体的手法,在处理框架结构时具有更多的意义。一方面,结构框架可以完全用厚重的墙体遮掩起来,使墙体看起来好像是承重的,这表明设计者优先考虑的是立面塑造而不是直白地表达结构。勒·柯布西耶设计的朗香教堂就是这种情况,厚重的抹灰实墙完全掩盖了支撑贝壳状屋顶的钢筋混凝土框架。看起来随机分布的窗洞构图,实际上不仅具有模数比例控制的秩序,而且也是为了避开在墙内埋柱的位置(图 5.21)。

显然,墙板与柱子的位置关系是设计框架结构的建筑立面时所要作出的基础性决策。

墙体可以位于柱子之外,那么柱子就会在室内露出来;屋顶和楼板可以挑出柱外与外墙相连(图 5.22)。外表皮也可以使用整体连续幕墙或模块化面板的形式与结构框架相接且隐藏框架。在后一种情况下,面板的模数将不可避免地与结构的模数直接相关(图 5.23)。

如果要表现框架结构,最简单方法是用表皮填补柱梁之间的空隙,使结构和墙体位于同一平面上。

为了表现填充墙的非结构性质,有很多方法。例如在结构与填充墙之间嵌入玻璃,可以使结构与填充墙都成为视觉上独立的系统,因此“阅读”时可以对它们的不同功能加以区分(图 5.24)。

然而,最引人入胜的表达方法是将外表皮设置在结构的后面,使柱和梁在视觉上脱离墙体,成为立面上的“网格”。在这个基本秩序中,可以把遮阳这类次要元素填充在结构和墙体之间,以增加视觉对比和尺度感(图 5.25)。

我们已经看到,建筑师有多么想展示建构特征,要表达的不仅包括受力和结构,还有风管或楼梯、电梯和自动扶

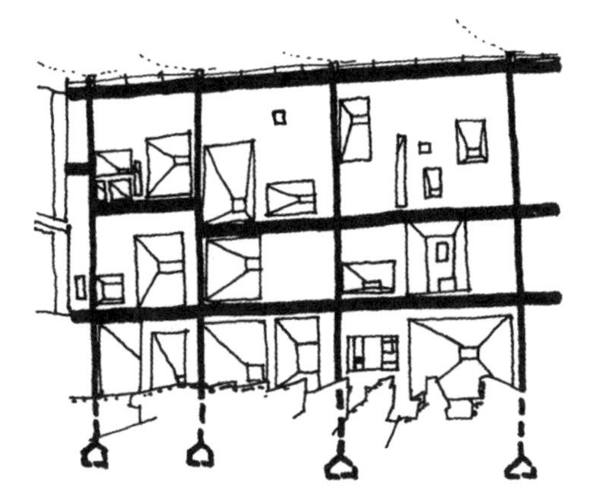

图 5.21 勒·柯布西耶,朗香教堂(柱、梁、墙体布置图),法国,1995 年

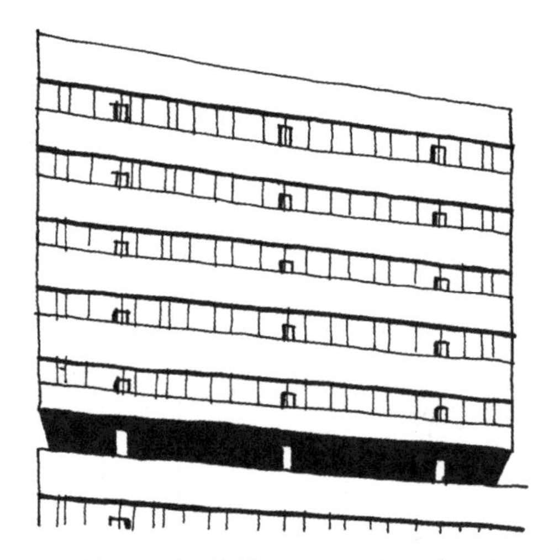

图 5.22 理查德·谢泼德、罗布森合作事务所,纽卡斯尔大学科学艺术大楼,英国,1968 年

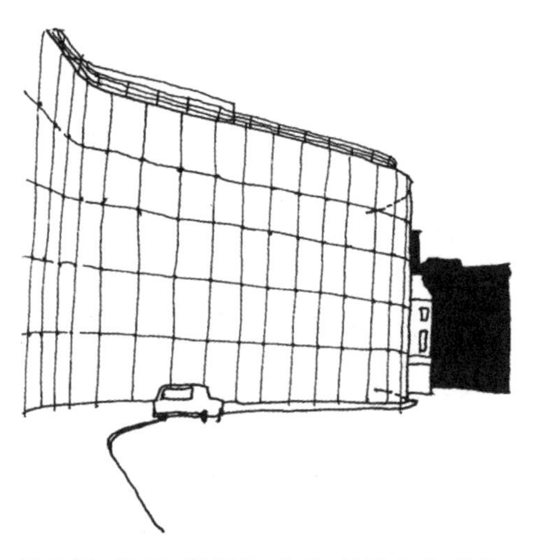

图 5.23 诺曼·福斯特,费伯·杜马大楼,英国,1978 年

梯的运动。但很多设计师不仅力求表达结构,还要表达整个建筑表皮系统的装配方式,从而使每个构件(极端情况下,还包括固定它们的配件)都能被展示出来(图5.26)。

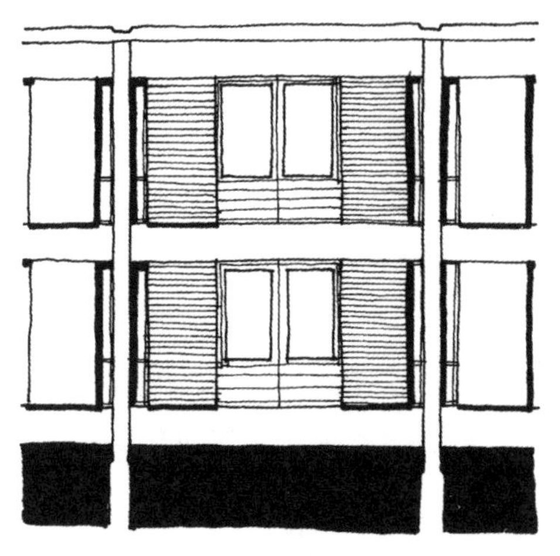

图5.24 卡森、康德合作事务所,购物中心,英国,1965年

图5.25 阿勒普联合设计事务所,研究生楼,剑桥大学科珀斯·克里斯蒂学院,英国,1965年

这是赋予立面以视觉冲击力最直接的方法之一。最终的结果就相当于运用了装饰。现代主义者回避装饰,但他们的后现代主义继承者又将其恢复了。

转角

视觉冲击力的所有概念和获得方法也同样适用于"转角"的处理。建筑的古典语言提供了多种强调转角的方法,19世纪的折衷主义者喜欢堆砌他们所有的"自由风格"手段来增强转角(图5.27)。同样,从束缚中解放出来

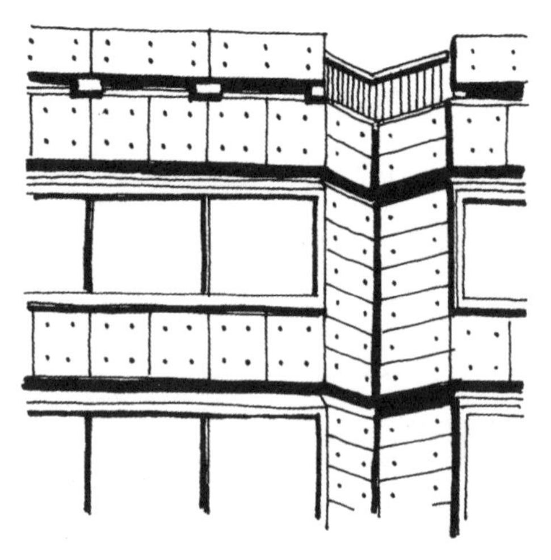

图5.26 霍维尔、基利克、帕特里奇与埃米斯,剑桥大学研究生中心,英国,1968年

的所谓的后现代主义者们也可以自由地赞美转角，其中最著名的是斯特林和威尔福德（Wilford）1997 年在伦敦家禽街 1 号的作品（图 5.28），同样成功的是特里·法雷尔（Terry Farrell）在伦敦苏豪区（Soho）设计的办公楼（图 5.29）。上述每个案例都在转角处逐步增强视觉效果。

法雷尔运用简单的手法实现了这一效果。比如强化开窗的构图，引入越来越多装饰性的砖砌图案作为转角的前奏，每个转角都对两个相邻立面的交接做了精心的处理。对现代主义者来说，有没有必要强调转角是值得商榷的，但是转角尤其是转角柱，它如何形成以及如何与梁、墙体和屋面交接，在框架建筑的外观上起着极其重要的作用，特别是那些裸露钢结构的建筑（图

图 5.27　F. 辛普森和埃默森·钱伯斯，纽卡斯尔，英国，1903 年

图 5.28　詹姆斯·斯特林和迈克尔·威尔福德，伦敦家禽街 1 号，英国，1997 年

图 5.29　特里·法雷尔，伦敦苏豪区办公楼，英国，1987 年

5.30、图5.31)。

尺度

在这个关于设计者如何决定建筑外观的讨论中,建筑尺度已经被间接地提到了。但是,在建筑设计的语境中,

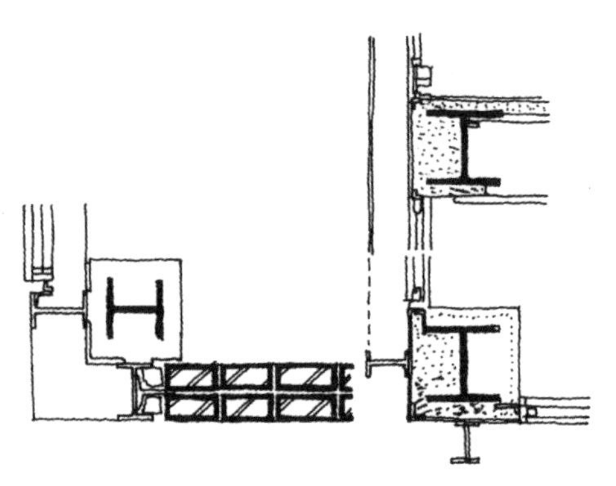

图5.30 左图:密斯·凡德罗,伊利诺伊理工学院的转角柱,美国,1946年;右图:芝加哥湖滨公寓,美国,1951年

图5.31 戴维·瑟洛,剑桥欧洲中心,英国,1985年

我们所说的尺度是什么意思呢?尺度不等于尺寸,即使是规模不大的建筑也能充满巨大的尺度,反之亦然。

这里可以用按比例(译者注:比例和尺度在英文中是同一个词:scale)绘制的建筑图纸来做一个类比。一双训练有素的眼睛可以准确推算出它的构成要素的准确大小。同样,建筑本身也有一个“尺度”,让我们可以推断出它的实际物理尺寸;如果这个尺度是“正常的”,那么我们就可以正确地推断出它的尺寸,但过大或过小的尺度会导致误解或混乱(不管是建筑师故意为之还是其他原因),从而导致对尺寸的误判。

尺度参照物

但是建筑的平面图、剖面图和立面图与正在阅读它们的观察者之间具有固定的尺度关系,而实际建筑物与观察者之间的尺度关系会随着建筑物的接近和更多尺度参照物的出现发生不断的变化。所谓的尺度参照物允许我们通过与已知部件的大小进行比较来估算建筑物的大小。

因此,我们要(有意识或无意识

地）学会通过不断地参考熟悉的元素和已知尺寸的人工制品来判断建筑物的尺寸。

这些熟悉的元素可以分为两类。第一类是构成建筑物理环境的一般环境要素，如树木和植被、交通工具、街道设施，甚至是建筑物的居住者和使用者（图 5.32）。这些都是常见的物体，作为环境的尺度参照物能使我们通过比较作出一些尺寸上的判断。第二类是一些熟悉的建筑元素，如层高、砌缝、窗、门和楼梯，这些元素进一步增加了我们对建筑尺寸的感知（图 5.33）。

图 5.32　尺度：环境参照物

这些就是建筑尺度的参照物，设计师利用这些参照物来确定建筑的尺度。因此，如果这些参照物存在误导倾向，那么我们就不能正确地判断大小（拉斯金）。

图 5.33　建筑师合作事务所，杜伦大学杜伦楼（尺度：建筑参照物），英国，1964 年

传统意义上来说，使用古典建筑语言的设计师，可以调用其一系列常见的建筑手法，如基座、柱楣、柱和壁柱，所有这些都是按照严格的比例系统组织起来的。但是，20 世纪的现代主义者抛弃了这些建筑语汇，就尺度参照物而言就已经变得不准确了。一个使用新结构形式的大跨度和连续整体表面的建筑，也许不能提供传统的尺度参照物（图 5.34）。

正如我们已经看到的，建筑师喜欢暴露结构和构造元素，把建筑物分解为一系列视觉上离散的组件。从这个意义上说,现代主义者运用了丰富的手法对常见的建筑元素进行建构表达,以重新诠释传统的尺度参照物(图5.35)。

毫无疑问,建筑尺度能够成为建筑师的一个强大工具。如小学、养老院这类建筑,会有意识地被赋予一种近似于家庭的尺度,以传递亲近感、安全感和幸福感。

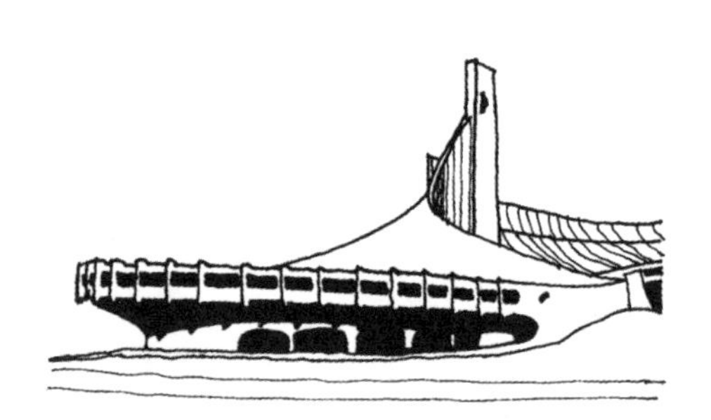

图 5.34 丹下健三,东京奥林匹克体育馆,日本,1964 年

图 5.35 戴维·瑟洛,贝特曼主教法院,英国,1985 年

根据设计者的意图,尺度可以用不同的方式来操控,因此我们将建筑尺度分为四类:正常尺度、亲密尺度、雄伟尺度和惊人尺度(拉斯金)。

正常尺度

正常尺度,是指与其他尺度相比的“中间值”。我们遇到的大多数建筑都是正常尺度,而且通常都是以一种轻松的方式实现并不需要建筑师对尺度参照物进行任何有目的的操纵。建筑物及其组成部分的大小将与观察者所感知和预期的完全相同。当建筑看起来被分解成一系列较小的部件时,最容易达到正常的尺度,因为每个部件都可以被“阅读”,并有助于感受视觉的张力。

亲密尺度

亲密尺度,正如术语所暗示的,比正常尺度更紧凑。它通过缩小熟悉部件的尺寸来实现,以产生一种轻松、非正式的舒适的家庭生活氛围。它适用于老年公寓或小学等建筑类型，在这些类型的建筑中，通过亲密尺度的环境来产生一种舒适和安全的感觉。

这可以通过降低窗楣和窗台的高度以及天花板的高度来实现。在外部，屋檐可以比正常的低一些，大门可以增加雨棚来强调，所有这些措施都是为了增加尺度的亲近感（图 5.36）。小学可配备尺寸缩小的家具和设施，以突出亲密的尺度感。虽然采光和通风要求教室的天花板必须很高，但可以在较低的位置引入宽大的过梁或遮阳板，而宽大、低矮的内窗台也可以营造亲密的尺度感（图 5.37）。

雄伟尺度

雄伟尺度跟亲密尺度相反，它似乎是要压制而不是增强使用者的自我意识。建筑师们经常把建筑元素的雄伟性作为权力和权威的象征，相比之下，个人自身的渺小无法与这种巨大尺度发生联系。因此，雄伟尺度被有意识地应用于需要表达其行政重要性的一系列建筑中；在一些极端的情况下，比如像纪念碑式建筑，建筑师会借用一些露骨的古典建筑语言来象征权威，而且还通过破坏使用者的安全感来震慑他们（图 5.38）。

文森特·哈里斯（Vincent Harris）使用了类似的方法为二战前英国的一系列城市建筑创造了恰如其分的雄伟尺度，值得一提的是，许多项目是他通过公开竞标赢得的。1934 年完成的谢菲尔德市政厅就是这种样式的典型代表。

哈里斯为厚重基座上的雄伟门廊选用了巨大的科林斯柱式（图 5.39）。

图 5.36 拉尔夫·厄斯金，位于基林沃斯的住宅，英国，1964 年

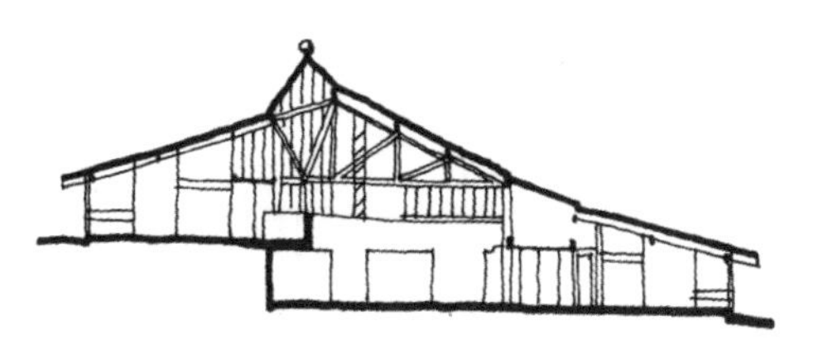

图 5.37 科林·史密斯，哈奇沃伦小学，英国，1988 年

大片单一无变化的料石立面抹掉了通常的尺度参照物,使一座规模相对不大的建筑极大地增强了尺度的雄伟感。除此之外,半圆形的次厅也通过一排令人吃惊的巨大柱列支撑起独立的柱檐来获得尺度上的崇高感(图5.40)。

在更近的时代(20世纪以后),为了追求雄伟尺度,建筑师们利用了现代主义的简洁偏好来表现巨大的整片表面。1930年,W.M.杜多克(W. M.Dudok)设计了希尔弗瑟姆市政厅(Hilversum Town Hall,图5.41),具有讽刺意味的是,它是比谢菲尔德市政厅案例更早地采用了现代风格。为了获得建筑上的雄伟尺度,他在纪念性的风格派构图中使用了巨大的砖砌整体立面,使这座建筑很快便成为战后市政建筑的样板(图5.41)。在1960年设计的巴西利亚议会大厦中,奥斯卡·尼迈耶(Oscar Niemeyer)也采用了类似的不划分的整体表面,但结合了巨大的基本几何形体,把H形行政办公塔楼、覆碗形众议院会议厅和圆顶形参议院会议厅三者戏剧性地并置

图5.38 A.N.杜什金等,卫国战争英雄纪念堂(方案),苏联,1943年

图5.39 文森特·哈里斯,谢菲尔德市政厅,英国,1934年

图5.40 文森特·哈里斯,谢菲尔德市政厅,英国,1934年

在一起，创造了与政府地位相称的雄伟尺度（图 5.42）。

惊人尺度

虽然惊人尺度在建筑上的使用很有限，但在会展设计中已经被有效地利用起来了，或是运用在广告中使观者震惊和兴奋。它依靠的是把已知大小的常见物体过度放大或缩小，因此常常与它们所处的环境形成令人吃惊的尺度关系，就像一个啤酒瓶造型被极度放大后充当酒厂的运货车（图 5.43）。像达利（Dali）这样的画家也善于运用惊人尺度来达到超现实主义的效果。

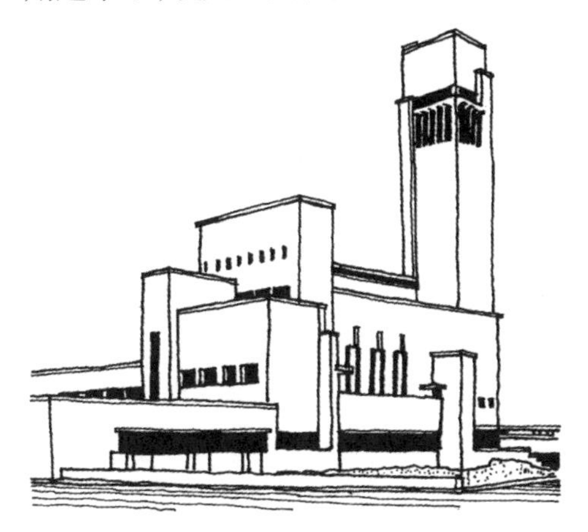

图 5.41 W.M. 杜多克，希尔弗瑟姆市政厅，荷兰，1928 年

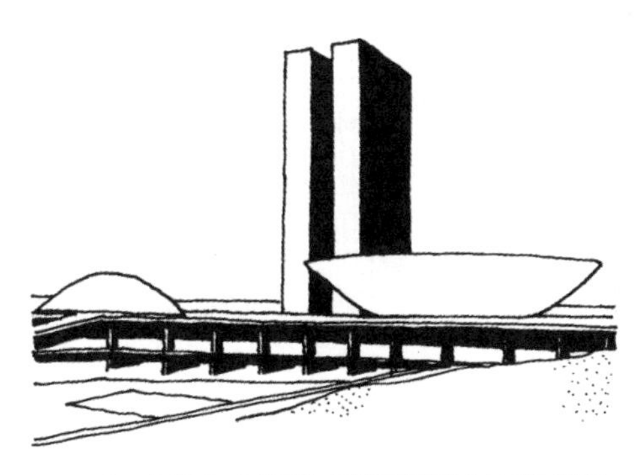

图 5.42 奥斯卡·尼迈耶，巴西利亚政府大楼，巴西，1960 年

文脉

到目前为止，我们已经讨论了建筑师如何操控尺度来诱导使用者产生预设的反应。

但是，当在建成环境中进行设计时，特别是在视觉上敏感的环境中，设计师对现场文脉的尺度做出反应是很重要的。当史密森夫妇在 1964 年设计伦敦圣詹姆斯街的经济学者大厦（图 5.44）时，他们不仅要回应基地一侧边

图 5.43 惊人尺度：广告（啤酒样式的运酒车）

界所在的现状街道的尺度,同时也要回应相邻地块内的布德尔俱乐部(Boodle's Club),这是一座在1765年由克伦登(Crunden)按照罗伯特·亚当(Robert Adam)的风格设计的作品。经济学者大厦由3座塔楼组成。首先,高度最低的一座被布置在圣詹姆斯街一侧;其次,经济学者大厦的顶部处理回应了布德尔俱乐部顶部的阁楼,而经济学者大厦二层的银行大厅以及自动扶梯呼应并强化了布德尔俱乐部的入口楼层。在新建筑开窗构图的细节上,立面凹窗的划分也与布德尔俱乐部暴露的山墙建立了联系。

因此,经济学者大厦的成功在于它对最靠近它的物质文脉的尺度作出了精心回应,而没有试图刻意复制其相邻建筑的帕拉第奥式风格。但在许多情况下,如果设计面临的文脉是一个历史建筑,扩建或并排的建筑就必须要保持历史建筑的首要地位。1970年,霍维尔、基利克、帕特里奇与埃米斯(Howell, Killick, Partridge and Amis)在剑桥唐宁学院设计了尺度精巧的大学教师联谊活动室(图5.45、图5.46),新建部分与建于1822年的威廉·威尔金斯楼并排而立。一道平淡无奇的墙体,把新

图5.44 史密森夫妇,伦敦经济学者大厦,英国,1969年

图5.45 霍维尔、基利克、帕特里奇与埃米斯,大学教师联谊活动室,剑桥唐宁学院,英国,1975年

图5.46 霍维尔、基利克、帕特里奇与埃米斯,大学教师联谊活动室,剑桥唐宁学院,英国,1975年

建筑与现状古典式的老建筑连接在一起，不仅作为精巧新楼的背景，也在两座建筑之间创造了一个中性的空白。

这堵墙还遮掩了体量庞大的厨房和办公室，不然就会破坏整个构图的微妙平衡。但是该项目成功的主要原因还在于对尺度的微妙处理。威尔金斯楼的首要地位和雄伟的尺度并没有因为其尺度精巧的邻居的介入而受到削弱。此外，尽管新建筑有着明显的现代主义建构表现，但依然与它的古典邻居形成了微妙的过渡。它坐落在威尔金斯楼延伸出的“基座”上，精心雕琢的斜屋顶唤起人们对旁边古典山墙的联想，独立的柱子和横梁给出了更多的关于威尔金斯楼巨大的爱奥尼柱式和檐口的暗示。

这两个实例传递出的明确信息是，现代主义的信条可以成功地应用于最敏感的文脉环境，而不必求助于历史主义，虽然历史主义的做法经常是灾难性的，但至少一直是一个充满问题的过程。1990 年，由罗伯特·文丘里（Robert Venturi）设计的伦敦国家美术馆圣伯里翼扩建部分，就是一个例子。它遵循了现在为大家所熟知的“后现代”的对待文脉的方法；新立面与威尔金斯的新古典主义立面（完成于 1838 年）相呼应，但随着它与原作之间的远离，新建筑的古典细节也在逐步减弱（图 5.47）。鉴于文丘里的技能，文脉的目标是实现了；但在一般人手中，追求文脉上的历史主义已经产生了一种难以名状的陈腐仿作，无法为重建我们的城市街道提供范本。

图 5.47 罗伯特·文丘里，伦敦国家美术馆圣伯里翼扩建部分，英国，1991 年

6 外部空间

我们往往更多地基于建筑物之间的外部空间品质而不是建筑物本身的感受，来判断城市或乡镇的品质。正如建筑设计有形式创造的公认方法一样，外部空间创造也有公认的方法。如果现有的城市“肌理”没有得到细心的回应，新建筑对现状环境的冲击就会产生深远的影响。因此，当建立一组新建筑综合体时，重要的是构建建筑物彼此之间的空间层次结构，就像在建筑物内部时一样，使之可以被清晰地“阅读”。

离心空间与向心空间

毫无疑问，在建筑物内部创造空间的方法同样适用于创造建筑的外部空间和围合感。此外，当考虑建筑物之间以及建筑物周围的外部空间的创造时，由于两者的不同性，回归到类型的概念将会有所帮助——有两种不同的空间类型：离心空间和向心空间（芦原义信）。

这两种空间类型之间的区别最好通过理解柱子作为空间生成器的作用来说明。空间中的单根柱子可以在其周围形成一个空间，空间的大小取决于柱子的高度，而此空间的定义则取决于柱子和观察者的相互作用（图 6.1）。因此，柱子在其周围限定了一个辐射状的空间，这就是离心空间。

但是如果四根柱子相互比较靠近，形成一个“方形”，就会相互作用形成空间围合（图 6.2）。即使在这种最简单的情况下，通过向心秩序限定的空间，也接近于一个“没有屋顶的建筑”。

这就是向心空间。

如果使用四面墙而不是四根柱子来限定这个向心空间,那么围合感就会增强(图 6.3),但四角的限定最弱,空间容易从由此产生的空隙中“逃逸”。

然而,如果使用 4 个转角板片通过清晰地限定转角位置来围合同一空间,那么围合感将进一步加强(图 6.4)。

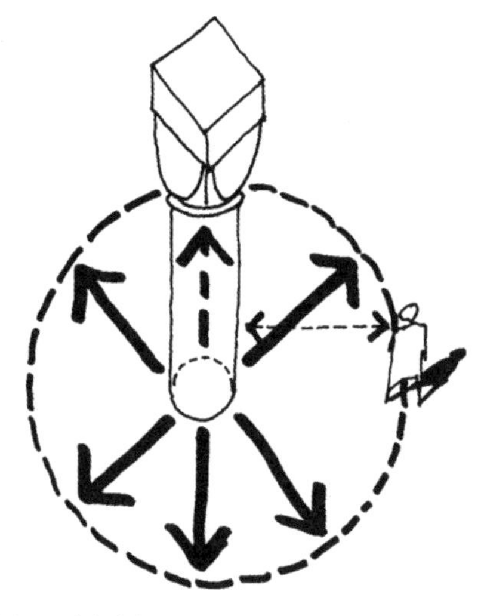

图 6.1 离心空间:单根柱

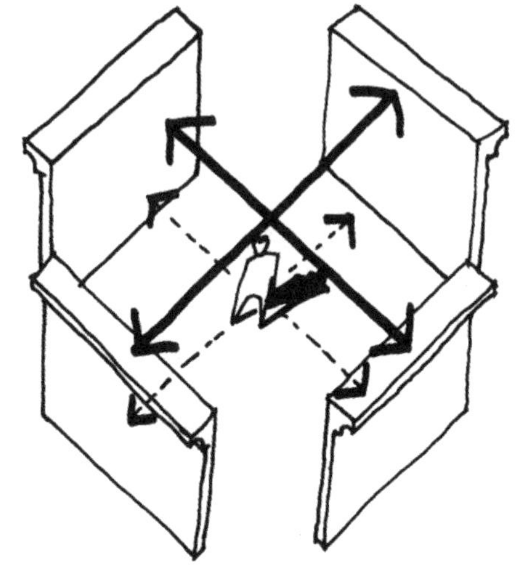

图 6.3 向心空间:四片墙

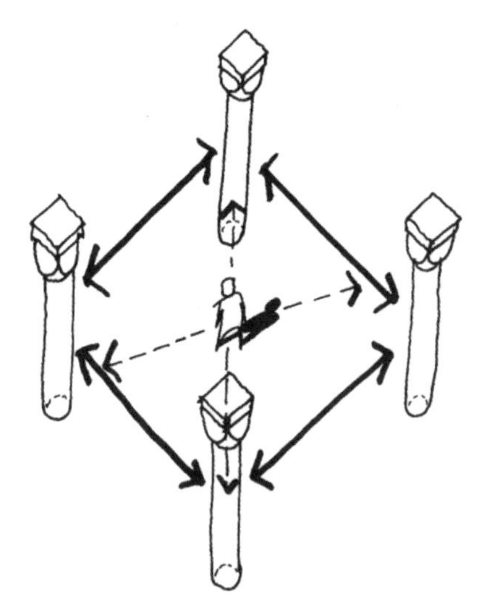

图 6.2 向心空间:四根柱

图 6.4 向心空间:四片转角墙

这一现象最好的证明就是在城市网格的秩序中建立“广场”的方法。如果广场仅仅是通过从网格中去掉一个或多个街区来形成，那么四角的空隙将导致空间围合感不足（图 6.5）。

但是如果广场偏离于网格，那么不仅转角可以保持完整从而加强围合感，而且还可以获得由广场中心至主要通道的景观（图 6.6）。

在建筑设计中，对先例的研究能够为建筑之间的空间设计提供重要的起点。威尼斯的圣马可广场和锡耶纳的坎波广场虽然在形式上明显不同，但却有一些重要的相似之处，这些相似之处为外部向心空间的设计提供了一系列线索或出发点。首先，这两个空间都是由城市密集的连续肌理中挖掉的大尺度空白清晰限定而成的，因此它们看起来就如同没有屋顶的公共“客厅”，可以发生大量促进社会交往的活动。

其次，由于没有屋顶，建筑的墙壁就成为设计的主要元素，对空间起着重要的作用。最后，这两个案例的空间中都包含醒目的立柱或钟楼，作为空间的关键要素。

威尼斯圣马可广场实际上是由两个空间组合而成，独立的钟楼成为了梯形主广场和临水小广场之间的枢纽。圣马可大教堂则位于两个广场收窄的交点，小广场的两侧是总督府和圣马可图书馆，它与远处的潟湖的联系通过两根简单的立柱来实现，而这两根立柱也

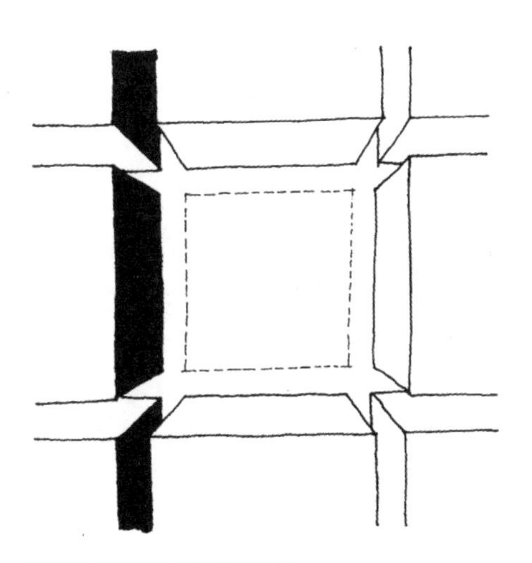

图 6.5 “网格中”的城市广场

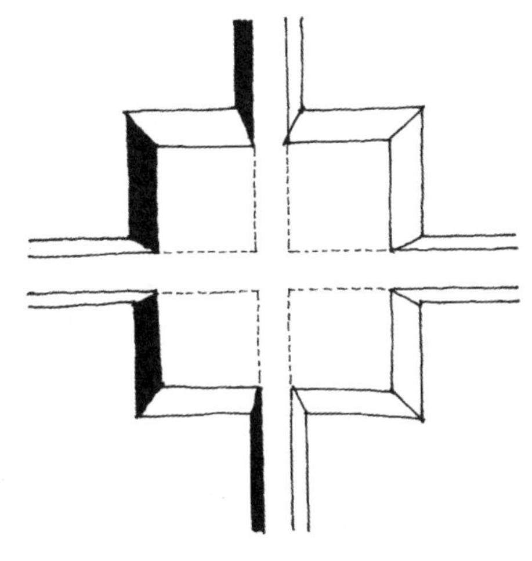

图 6.6 “网格外”的城市广场

形成了小广场视觉上的“终点”(图6.7、图6.8)。

围绕主广场的连续“墙面”为限定广场空间提供了一个看似低调的背景,但很好地衬托了西端的圣马可大教堂(图6.9)。在这样的环境中,水平表面的设计在视觉上就变得十分重要,这就是圣马可广场采用大尺度简单几何铺地的原因(图6.10)。

在锡耶纳的坎波广场,周围的建筑也为开敞的空间营造了一个中性的背景,但广场平面接近半圆形,圆心处为锡耶纳市政厅钟楼。与威尼斯一样,广

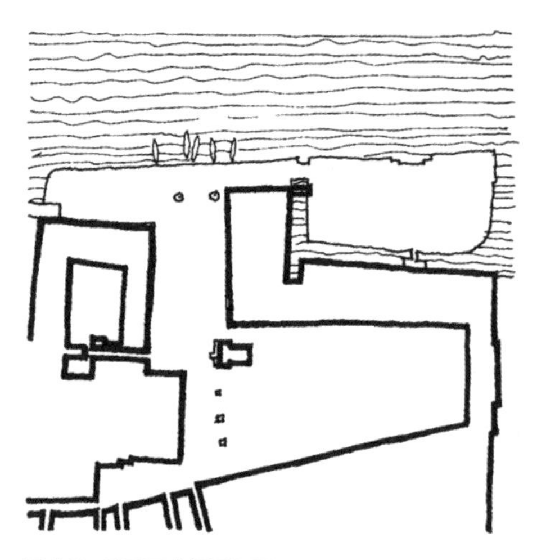

图6.7 圣马可广场平面图

图6.9 圣马可大教堂,意大利

图6.8 圣马可广场,意大利

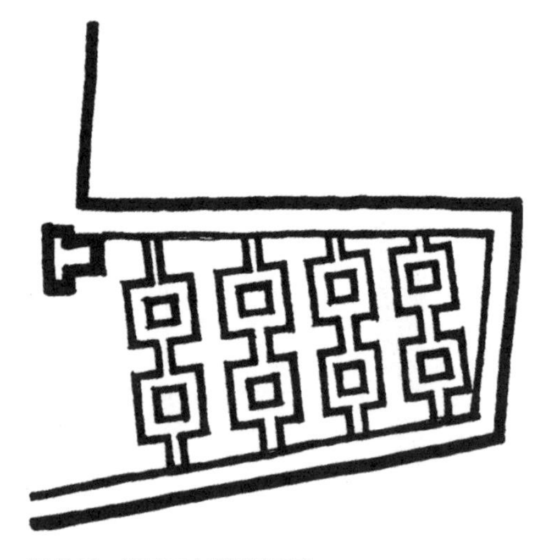

图6.10 圣马可广场铺地图案

场的铺地形式也同样强烈，以钟楼为焦点的放射状铺装线条，将广场的地面效果与其周围的立体界面联系在一起（图 6.11、图 6.12）。

即使是这样粗略地分析，也可以看

图 6.11 坎波广场，意大利

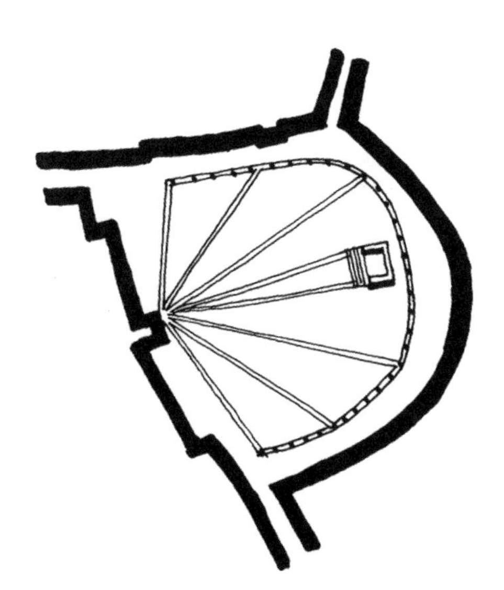

图 6.12 坎波广场铺地图案

出围合的墙体作为城市背景建筑的重要性，以及地面图案如何反映它自身空间的尺度。但它们也表明，这种城市空间的围合感是由构成空间的建筑物的高度（*H*）和它们之间的距离（*D*）的关系所决定的。如果 *D*/*H* 在 1~4 之间，则会产生令人满意的围合感；如果 *D*/*H* 大于 4，则围合空间的界面之间就会因为相互作用太弱而导致围合感的消失；但当 *D*/*H* 小于 1 时，则会因其间相互作用太强而失去围合的"平衡"感（图 6.13）。

这个简单的经验法则可以应用在意义重大的 20 世纪城市开发中，这已体现在新的城市形态对向心空间的运用之中。

1960 年，城市设计师刘易斯·沃默

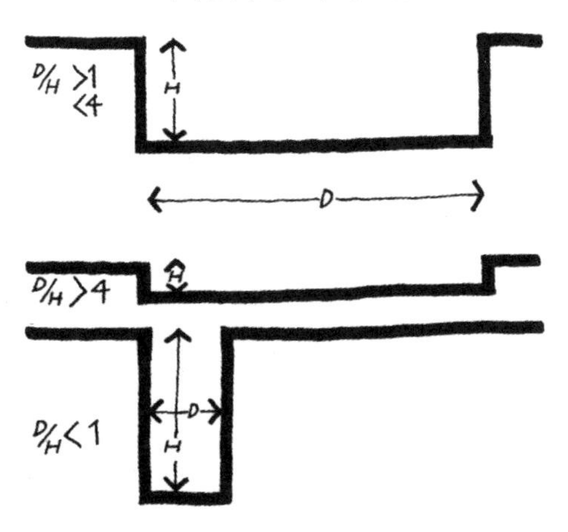

图 6.13 向心空间的围合，*D*/*H* 值

斯利(Lewis Womersley)在谢菲尔德市希尔公园设计的高密度住宅项目中,把包含了在过去十年间提出的关于社会住宅的大部分设想应用其中。即,在城市中心附近大量提供混合使用的高密度公共住宅,对城市的生活和社区是有利的。这在谢菲尔德市做到了,通过在陡坡基地上布置多层蛇形住宅,围合出一系列与住宅组团及它们高处的平台入口相联系的公共开放空间(图6.14)。

但由于整个建筑群的屋顶高度保持了一致,当蛇形到达基地最高点时建筑物的高度就要降低(图6.15)。这导致开敞空间的面积也随着基地高度的上升而减少,同时也与周围建筑高度的减小完全对应,因此在整个方案中,建筑之间保持了令人满意的*D*/*H*值。

1995年,迈克尔·霍普金斯利用这种“向心”方法,设计了诺丁汉税务局办公楼(图6.16)。在这里,广场和林荫大道以新的方式组织起来,以提供行道树覆盖的线性公共空间和围合的内部庭院。这两者仅通过简单的构图渐变就得以实现,不仅获得了令人满意的

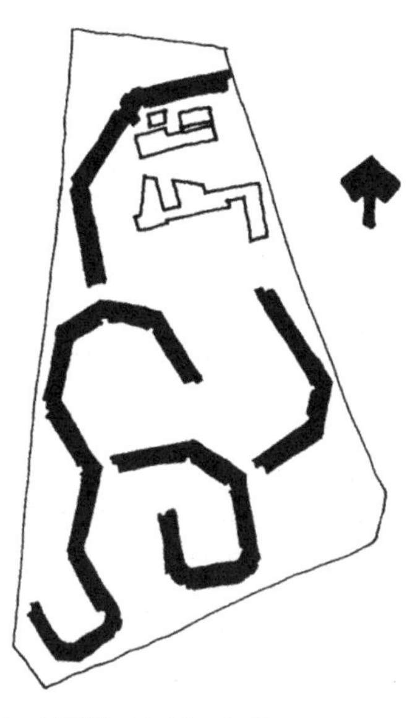

图6.14 刘易斯·沃默斯利,希尔公园住宅,英国,1961年

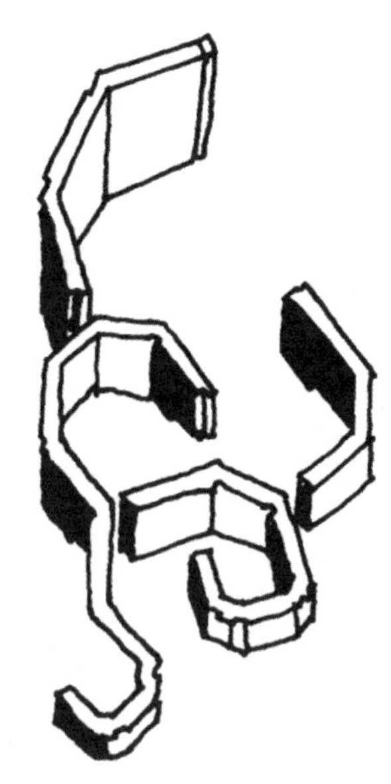

图6.15 刘易斯·沃默斯利,希尔公园住宅,英国,1961年

图 6.16 迈克尔·霍普金斯合作事务所，诺丁汉税务局办公楼，英国，1995 年

D/H 值，而且提出了一种扩展城市的模式即建筑群的中心是一个开放的公共广场，一座精致玲珑的社区建筑位于其中。

1945 年在法国东部的圣迪耶规划中，勒·柯布西耶也提供了一种城市中心的发展模式，其在遭受战争毁坏的欧洲得到了反复应用。

它明确运用了离心的类型，把一系列自我完善的市政建筑在开放广场的背景中构成了一个精心布置的群体。一栋行政塔楼作为视觉焦点限定了围绕着它的开放空间。

一些较小的市政建筑如博物馆、公共会堂的相互关系，决定了巨大的公共开放空间的性质。但从根本上来说，用来实现这种开放空间的建筑手段与追求向心空间的建筑手段是相反的；在下面的案例中，通过对比的方法，温和的水平表面取代了垂直墙壁的中性背景，集中“展示”了一组建筑精品。

圣迪耶的模式被戈林斯（Gollins）、梅尔文（Melvin）和沃德（Ward）运用在 1953 年中标的谢菲尔德大学扩建项目中（图 6.17），尽管形式上减弱了很多。但是，勒·柯布西耶的圣迪耶规划代表了被战争摧毁的城镇的象征性重生，而戈林斯的直线板式建筑和塔楼的布置则沿用了典型的后维多利亚式的英国大学的庭院（向心）类型。但其建筑中出现了与圣迪耶同样的手法：巨大的塔楼定义了主要的开放空间，并为整个校园提供了一个视觉焦点，同时，较低的板式建筑提供了次一级的线性秩序。

伦敦圣詹姆斯街的经济学者大厦也同样在城市空间中有效地运用了离

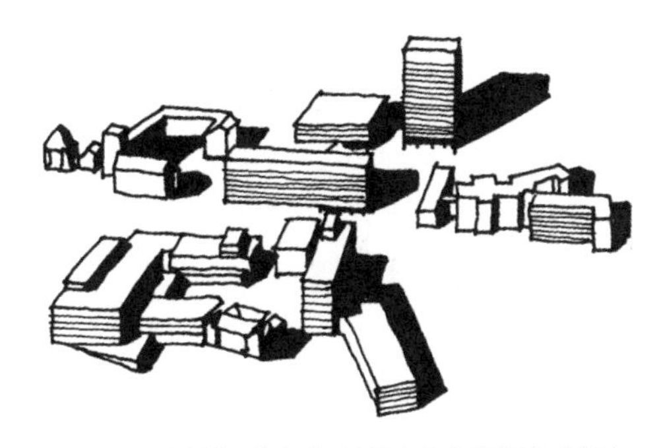

图 6.17 戈林斯、梅尔文、沃德合伙人事务所，谢菲尔德大学，英国，1956 年

心原理。在这里，3座高度不一、但细节同样精致的塔楼从一个略高于圣詹姆斯街的广场上拔地而起(图6.18、图6.19)。底部的精巧支柱,让它们似乎盘旋在铺地广场之上,而广场铺地再次为变化丰富的建筑群提供了统一的背景。

城市空间类型学

正如“类型”的概念可以应用于建筑物(实际上,也可以应用于构成建筑物的要素中,如结构、设备和表皮)一样,它也可以应用于城市空间。“离心”和“向心”空间的概念代表的是城市空间的两种基本“类型”。正如已经讨论过的,当空间(以离心的方式)围绕着一个位于城市空间中心的纪念物或标志物时,其承担的是背景或“本底”的角色,而当空间由建筑立面(以向心的方式)围合时,空间自身就成为被动的建筑背景或本底中的标志物(穆廷)。

广场的围合

在这种离心和向心的框架内,还有一些次一级的“类型”,在历史上,它们构成了我们城镇中常见的结构性要素。现代主义的“向心”类型学颠覆了围合广场的普遍原则,而且在这个过程中其

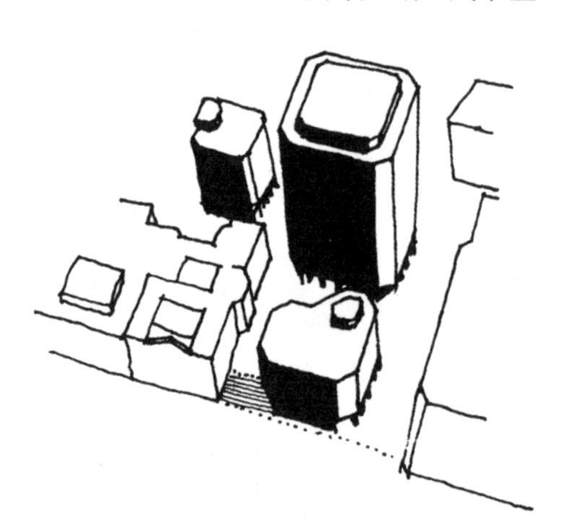

图6.18 史密森夫妇,伦敦经济学者大厦,英国,1969年

图6.19 艾莉森·史密斯森和皮特·史密森夫妇,伦敦经济学者大厦,英国,1969年

理论并没有为它的发展做出显著的贡献。传统的围合式广场（图 6.20）作为社会和商业活动的焦点，也是社区核心的象征，很少被现代主义成功地重现，因为一系列独立的建筑“纪念碑”无法很好地限定出围合广场的开放空间（图 6.21）。

围合式广场不仅能够成为社区的象征性核心和社会及商业活动的焦点，同时，通过有意识地把自己从混乱的城市肌理中分离出来，也增加了城市的秩序感。

正如已经讨论过的，广场的宽度和广场界面的高度之间的相互关系造就了围合感，如果广场的四角再被清楚地限定，围合感还会增强。城市广场的规划形式也存在类似的“经验法则”。城市理论家卡米洛·西特（Camillo Sitte）认为广场的长宽比应该超过 3，阿尔贝蒂（Alberti）推崇长宽比为 2 的“双正方形”，而维特鲁威（Vitruvius）则偏爱 3∶2 的长宽比。

● 纪念性建筑

但有些广场，不仅遵循这些普遍的原则，还会容纳并服从一个主导的“纪念性”市政建筑。西特认为广场有两种类型：“深型”和“宽型”。这种分类在很大程度上取决于如何把一座主要的市政建筑布置在广场中。在“深型”广场中，纪念性建筑（传统上是教堂）位于广场的短边，为了最大限度地统领全局，它的立面就成为广场短边的垂直面，而其他三边作为中性背景以突出纪念性建筑（图 6.22）的首要地位。相比

图 6.20 围合式广场

图 6.21 不加围合的开放空间

之下，“宽型”广场则用一座宫殿般的舒展立面形成广场的长边（图 6.23），从而控制了广场的其他三个“中性”立面。

街道的围合

虽然街道因为可以扮演广场的角色而作为社交或商业的枢纽，但它同时还是从一个活动点导向另一个活动点的通道或路径。然而，后一种作用随着交通量的不断增加，已经模糊了传统街道的“场所感”，即传统上通过宽阔的人行道将建筑的社会空间有效地延展到公共领域。

适用于广场设计的“经验法则”也可以适用于街道。例如，决定围合感的高宽比标准与广场是同样的。但由于街道是线性的形式，设计者们使用了各种方法，来打断它的长度，并创造出令人满意的视觉终点从而塑造街道出入口的“场所感”。

学院派规划师们把主要建筑设置为街道或林荫大道的视觉“终点”（图

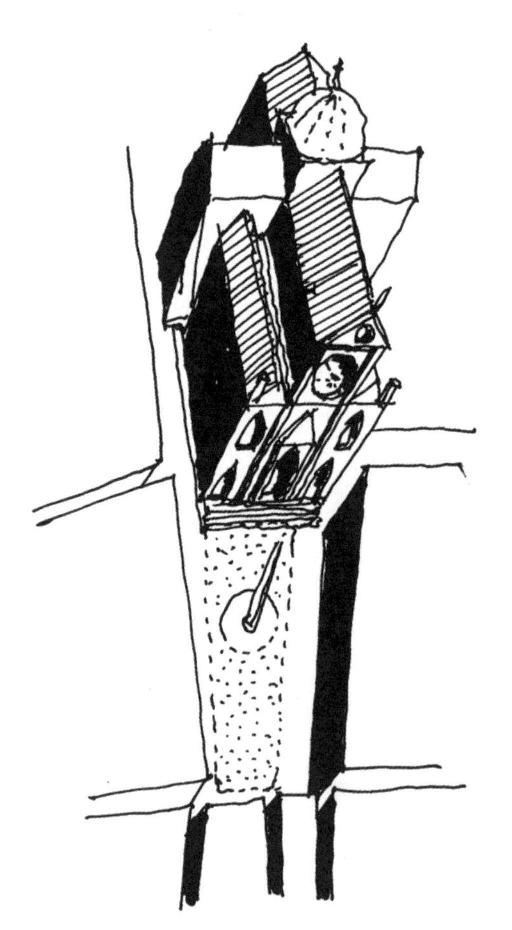

图 6.22　位于广场短边的纪念性建筑

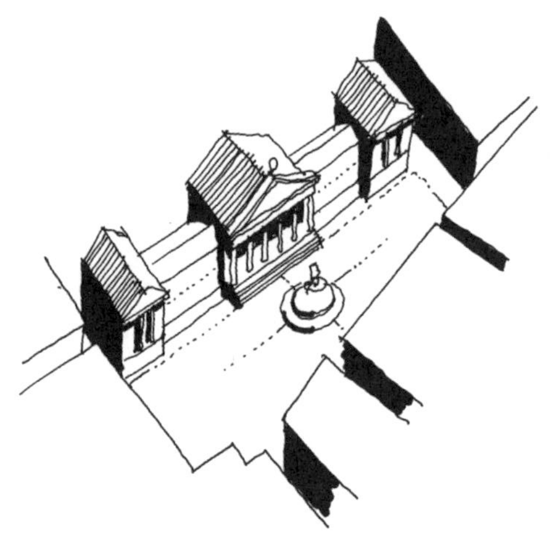

图 6.23　位于广场长边的纪念性建筑

6.24），而追求“如画”风格的设计者则喜欢退回到外观或立面处理及材料的变化上，形成街道的分段，以避免线性空间的单调（图 6.25）。

● 立面

街道的很多特点都是由它两侧的建筑赋予的。像设计英国爱丁堡新城的罗伯特·亚当、设计巴斯城的约翰·伍德（John Wood）父子（图 6.26）以及规划伦敦的约翰·纳什（John Nash，图 6.27）等这样的建筑师们，都喜欢纪念性的古典建筑，使用重复的开间和单一的材料，外墙面是料石或粉刷的砖。因此，街道在尺度上显得正式而雄伟，其与那种非正式的、蜿蜒曲折的、各种建筑形式和材料集合而成的“如画”风格的典型中世纪街道有着完全不同的特征。

图 6.24 街道的“视觉终点”

图 6.25 “如画”风格的街道

图 6.26 巴斯圆形广场，英国

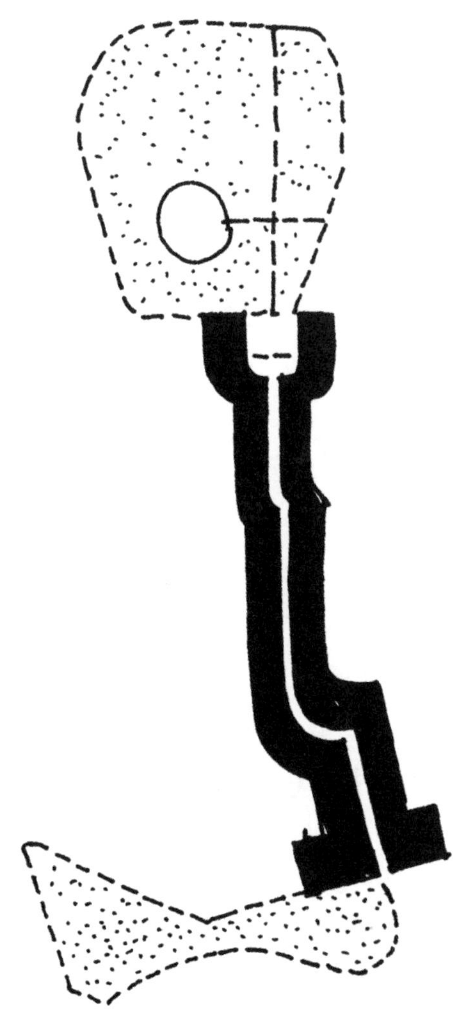

图6.27 纳什的伦敦规划

● 转角

正如历史上的建筑师们运用各种方法来修饰他们建筑的转角一样,城市设计师们也认识到了两条街交汇处形成的转角的重要性。新古典主义者用柱子来标记转角,正如他们的现代主义后继者努力寻求结构表达时一样。相反,19世纪的设计师们(在某种程度上,他们的后现代继承者们也是如此)使用了“如画”风格的手法来强化转角的视觉吸引力。虽然有两种常见的拐角类型(阴角和阳角),但能够对街道进行分段并演变出自身多种类型的是阳角。因此,为了追求理想的仪式感和形象,设计师可以将凸角、切角、圆角、剪缺、添加、分离的方式应用在建筑中,所有这些都提供了不同程度的视觉复杂性(图6.28、图6.29)。

正如对建筑类型的探索一样,设计师们可以在同一建筑内使用不同的类型组合来描述其平面、结构或服务设施一样,城市空间类型也可以展现出类似的多元化。离心和向心空间、正式和非

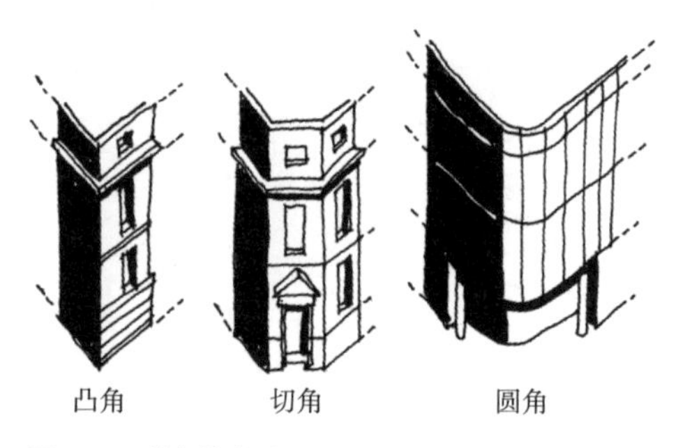

图6.28 转角的类型

正式的广场和街道，由风格各异的建筑所围合，当它们集合起来发挥作用时，毫无疑问，将会在更大城市范围内取得更为丰富的视觉效果。

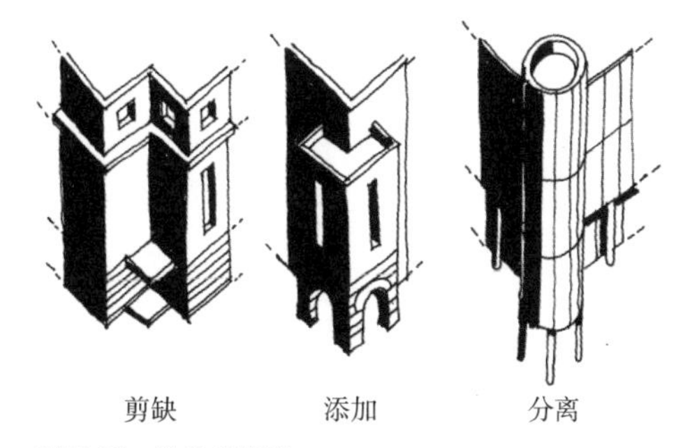

图 6.29 转角的类型

7 后记：一种工作方法

传统建筑与虚拟建筑

我们主要关注的是那些对建筑设计的“形式创造”过程影响最大的方面。但是，确立了满足主要设计目标的“形式”并且能够发展下去后，还只是完成了整个漫长的设计阶段的一小部分。然而，它至少对于设计者来说是最重要的（也可以说是最充满问题的）活动。形式创造的决策如果有缺陷，那么无论之后对细节的塑造有多努力也于事无补，只有在这一阶段对形式的合理响应才能为建筑设计打下有意义的基础，它们还可以继续深化以增强最初概念的清晰性。

那么在早期的概念阶段，有哪些技术最适合于开始和发展设计？传统的观点认为，使用铅笔和草图纸，辅以卡纸或软木的实物模型才是帮助我们进行最初的试探性形式创造的最佳工具。但是当我们进入 20 世纪，用于草图和三维建模的计算机软件的强大功能从根本上改变了传统观点。

通过绘图进行设计

然而，显而易见的是，绘图能力很明显会促进设计过程。因此，“通过绘图进行设计”代表了迄今为止最容易获得和最有效的早期探索设计的方法。此外，由于草图纸的透明性，允许一遍遍快速地修改最初的“形式”，而不必从头开始重复整个过程。这一过程的结果可以通过实物模型得到评价。在这个阶段，甚至可以使用彩色铅笔在图面上进行标记以区分空间层次。这种清晰的层次不仅有助于对不断涌现的新设计的有效性进行持续评价,而且还有助于在设计深化时保持图解的清晰。

设计只有按比例绘制之后才能被“检验”。只有通过这种方法,设计者才能“感觉”到建筑要素之间的相互关系,以及与场地及其物质环境的关系。应该使用一系列适当的首选比例,这些比例将根据项目的规模而变化。但最重要的是,应同时深化尽可能多的设计问题。建立了按比例的“图解”后,各方面主要交接点的细节可以在更大的比例下进行推敲,从而尽早建立一个全面反映设计意图的画面。保留这些早期草图的证据作为设计“日志”是很有用的,以便在必要时,随着设计的进展,被否定的解决方案还可以被重新审查和评价。这些日志可以成为一个有用的参考,特别是如果绘制在标准尺寸、有编号和日期的图纸上。

同时,建立一份案例研究的实例档案是必不可少的,作为比较建筑类型、合理的结构系统、构造、材料和环境性能的参考依据。

建筑师从一开始就是从三维的人、工、物的角度来构思和设计他们的建筑的,正如已经指出的那样,绘图的能力大大促进了这些概念的形成。

因此,在这些早期阶段,培养徒手画轴测图和透视图的能力是必须的,它们可以快速推敲设计决策的三维效果。

虚拟建筑

虽然现在很难想象不懂计算机的建筑师能够进入这个行业,然而,在许多人中间仍然有一种感觉,手绘和实物模型能够提供比计算机生成技术更直接和更灵活的设计工具。但如果建筑师的核心角色是为人类活动创造空间,那么为设计者的概念提供准确的三维虚拟建筑将使他能更充分地理解方案,这似乎也是很合理的事情。

从本质上来说,虚拟建筑是对建筑设计三维模型的精确的数字化表达。随着方案的深化,虚拟建筑允许建筑师去准确地“检验”设计决策的三维结果,这些决策将会影响到外部形式、内部空间以及组件连接的特点。此外,由于它是由整个模型来表达的,那么协调若干图纸的需要就消除了,因此,传统方法固有的误差也大大减少。它还可以提取二维平面图、剖面图和立面图，以便在设计过程的早期进行评价，任何修改都可以在单一的虚拟建筑模型中得到直接的反馈。

与“通过绘图进行设计”相反，利用虚拟建筑，对剖面、结构和构造的早期决策将加速设计的进程。为了设计的继续进行，这些决策必须在早期阶段录入数据库。在这种情况下，这不仅代表了良好的习惯，而且还允许三维模型提供项目的完整可视化效果，然后可以通过电子方式与设计团队的其他成员进行交流。

实际上，虚拟建筑提供了一种新的建筑设计方法，它让我们可以在设计过程的任何阶段以二维和三维图像对项目进行即时评价。相比之下，这个不断优化的过程，如果换作传统的绘图方法就会变成无法接受的劳动密集型工作。

这本书的目的是建立一种明智的工作方法，使庞大复杂的建筑设计过程能够顺利开展。因为在这些早期的决定和对形式创造的试探性尝试中，必然会播下真正的建筑的种子。然而，这仅仅是一个开始，因为设计活动将一直持续到建筑的实际落成。如果在最初的设计中考虑了回收建筑构件，那么在建筑的“第一次寿命”期间和以后，很可能还需要重新设计；此外建筑物废弃后建筑构件的循环利用也应该在设计开始时就加以考虑。虽然这个全部的过程并不在我们的讨论范围之内，但我们更多想要表达的是，整个过程是否有效将必然依赖于最初为寻找合适的“形式”，从而对未知领域展开的探索。

但这种探索也应该留心阿尔伯特·爱因斯坦（Albert Einstein）的睿智忠告：“如果你想从理论物理学家那里学到关于他所使用的方法的任何东西……那么就不要听他说了什么，而要看他做出了什么。”这同样适用于建筑学。

延伸阅读

Abel, C., *Architecture and Identity; Towardsa Global Eco-culture*, Architectural Press, 1997.

Ashihara, Y., *Exterior Design in Architecture*, Van Nostrand Reinhold, 1970.

Banham, R., *The Age of the Masters; a Personal View of Modern Architecture.* Architectural Press, 1975.

Banham, R., *The Architecture of the Well- tempered Environment*, Architectural Press, 1969.

Blanc, A., *Stairs, Steps and Ramps*, Architectural Press, 1996.

Brawne, M., *From Idea to Building*, Architectural Press, 1992.

Broadbent, G., *Design in Architecture*; John Wiley and Sons, 1973.

Chilton, J., *Space Grid Structures*, Architectural Press, 2000.

Cook, P., *Primer*, Academy Editions, 1996.

Curtis, W., *Modern Architecture since 1900*, Phaidon, 1982.

Edwards, B., Sustainable Architecture, Architectural Press, 1996.

Edwards, B., Rough Guide to Sustainability, RIBA Publications, 2002.

Groak, S., *The Idea of Building*, E&F Spon, 1992.

Hawkes, D., *The Environmental Tradition*, E. and F. N. Spon, 1996.

Howes, J., *Computers Count*, RIBA Publications, 1990.

Hunt, A., *Tony Hunt's Structures Notebook*, Architectural Press, 1997.

Jencks, C., *Modern Movements in Architecture*, Penguin Books, 1973.

Lawson, B., *How Designers Think*, Architectural Press, 1998.

Lawson, B., *Design in Mind*, Architectural Press, 1994.

MacDonald, A., *Structure and Architecture*, Architectural Press, 1994.

Moughtin, C., *Urban Design: Street and Square*, Architectural Press, 1992.

Moughtin, C. et al., *Urban Design; Method and Techniques*, Architectural Press, 1999.

Porter, T., Goodman, S., *Design Drawing Techniques for Architects, Graphic Designers and Artists*, Architectural Press, 1992.

Raskin, E., *Architecturally Speaking*, Bloch Publishing Co., 1997.

Sharp, D., *A Visual History of Twentieth century Architecture*, Heinemann, 1972.

Smith, P., *Options for a Flexible Planet*, Sustainable Building Network, Sheffield, 1996.

Smith, P., *Architecture in a Climate of Change*, Architectural Press, 2001.

Sparke, P., *Design in Context*, Guild Publishing, 1987.

Tutt, P., Adler, D. (eds), *New Metric Handbook: Planning and Design Data*, Architectural Press, 1979.

Vale, B., Vale, R., *Green Architecture: Design for a Sustainable Future*, Thames and Hudson, 1991.

Wilson, C., *Architectural Reflections*, Architectural Press, 1992.